国家中等职业教育改革发展示范学校建设项目成果教材

零件三维建模（UG）

广州市机电高级技工学校　组编

主　编　禤炜华
副主编　黄斌聪
参　编　熊　健
主　审　李红强

机 械 工 业 出 版 社

本书是根据国家中等职业教育改革发展示范学校建设计划精神，依照广州市机电高级技工学校数控专业一体化课程改革方案，同时参考国家职业资格标准编写的。

本书内容包括顶出系统的建模、标准件的建模、弹簧的建模、模具型芯的建模和哈夫模的装配及出图五大学习任务，以哈夫模为载体，把UG三维建模的方法和三维建模命令的应用融入其中，使学生通过学习和完成哈夫模的建模，掌握UG三维建模的基本方法。

本书可作为中等职业学校数控、模具专业的教材，也可作为机械行业绘图员岗位的培训教材。

图书在版编目（CIP）数据

零件三维建模：UG／禤炜华主编；广州市机电高级技工学校组编．—北京：机械工业出版社，2013.9

国家中等职业教育改革发展示范学校建设项目成果教材

ISBN 978-7-111-43809-0

Ⅰ．①零…　Ⅱ．①禤…　②广…　Ⅲ．①三维－机械元件－计算机辅助设计－应用软件－中等专业学校－教材　Ⅳ．①TH13-39

中国版本图书馆CIP数据核字（2013）第200632号

机械工业出版社（北京市百万庄大街22号　邮政编码100037）

策划编辑：汪光灿　责任编辑：王莉娜

封面设计：路恩中　责任印制：张　楠

北京诚信伟业印刷有限公司印刷

2013年11月第1版第1次印刷

184mm×260mm·7.5印张·178千字

0001—2000册

标准书号：ISBN 978-7-111-43809-0

定价：22.50元

示范学校建设项目成果教材
编审委员会

前言

为适应现代制造业数控加工技术人才的需求，依照广州市机电高级技工学校数控专业一体化课程改革方案，编写了这本基于工作过程导向的学习工作页。本书是根据国家中等职业教育改革发展示范学校建设计划精神以及数控专业一体化课程改革的需要，同时参考国家职业资格标准编写的。

本书主要介绍了哈夫模的建模，涉及拉伸、旋转、扫描、布尔运算、曲面建模等基本的三维建模命令的应用。本书重点强调培养学生的自我学习、知识迁移和自我评价的能力，编写过程中力求体现基于工作过程为导向的特色。本书编写模式新颖，以哈夫模顶出系统的建模、标准件的建模、弹簧的建模、模具型芯的建模和哈夫模的装配及出图五大学习任务来完成 UG 三维建模的学习，充分体现了以项目为载体、基于工作过程导向的教学理念。

本书由禤炜华担任主编，黄斌聪担任副主编。参与编写人员及分工如下：黄斌聪编写学习任务一，熊健编写学习任务二，禤炜华编写学习任务三～学习任务五。本书经广州市机电高级技工学校示范办审定，由李红强主审。在此对在本专业课程开发及本书审稿过程中提出宝贵建议的行业、企业专家表示衷心的感谢！

为便于教学，本书配套有电子教案、助教课件和教学视频等教学资源，选择本书作为教材的教师可来电（010－88319193）索取，或登录 www.cmpedu.com 网站注册，免费下载。

由于示范建设工作尚在探索过程中，需要在实施过程中不断完善，书中不妥之处恳请读者批评指正。

编　者

目录

学习任务一　顶出系统的建模

学习目标

完成本学习任务后，应当具备以下技能。

1）能查阅帮助文件，进行 UG 文件的新建、保存和删除等操作。

2）能定制工作环境。

3）能使用鼠标进行视窗操作。

4）会使用常用快捷键。

5）会使用选择过滤器。

6）会创建草图。

7）会创建拉伸特征。

8）会使用倒角命令。

9）能使用圆、直线、矩形指令进行拉伸体截面的绘制。

10）能使用尺寸约束功能对草绘图形进行修正。

11）能创建孔的特征。

12）能在教师的指导下，独立或以小组工作的方式完成顶尖和顶尖板的建模。

建议学时　12 学时。

内容结构

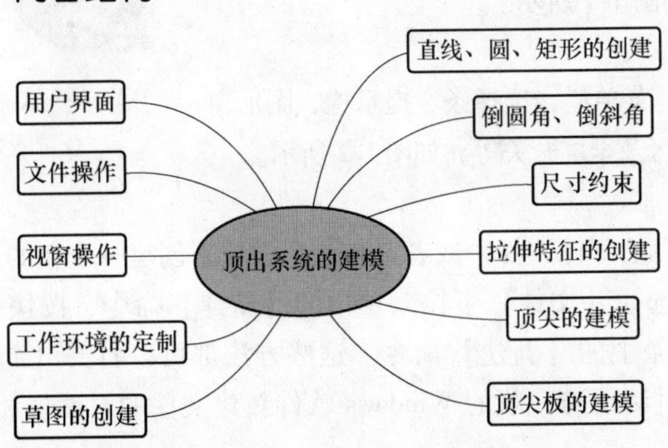

任务描述

某模具设计公司委托我校完成简单零件建模任务，要求使用UGNX6.0软件进行建模。根据图样绘制顶出系统中的顶尖及顶尖底板的三维模型，工时为两天，尺寸需严格按照图样要求。任务完成后，提交UG零件模型图。

子任务1　顶尖的建模

学习目标

1）能绘制圆，能使用拉伸命令建立拉伸特征。
2）在规定的时间内完成顶尖的建模。

建议学时　8学时。

【学习准备】

引导问题　在模具制造行业中，常常会使用UG绘图软件进行零件造型及装配，那么什么是UG？UG主要用于哪些方面？

UG软件是一款三维实体建模软件，被广泛用于零件设计、模具设计、电路、钣金及航空航天等方面。

在UG的建模中能完成3D图形的创建、编辑、着色以及多个零件的装配和导出2D图样等功能。它还能在数控编程中自动生成刀路，供给CNC加工。UG软件的登录图标如图1-1所示。

图1-1　UG软件的登录图标

1. 用户界面

UG软件的操作界面包括标题栏、菜单栏、选择条、提示栏、图形窗口、工具条、状态栏、资源条、导航区及全屏开关等，如图1-2所示。

2. 新建文件

使用新建命令可以创建一个空白的部件文件，或者选择一个模板来创建一个新的产品文件。新建文件的方法有多种，如选择【文件】下拉菜单中的【新建】命令、按快捷键【Ctrl + N】或者单击【标准】工具条上的【新建】命令。这些方法都可以打开【新建】对话框，如图1-3所示。这个文件对话框与一般的Windows软件新建文件的对话框相似，

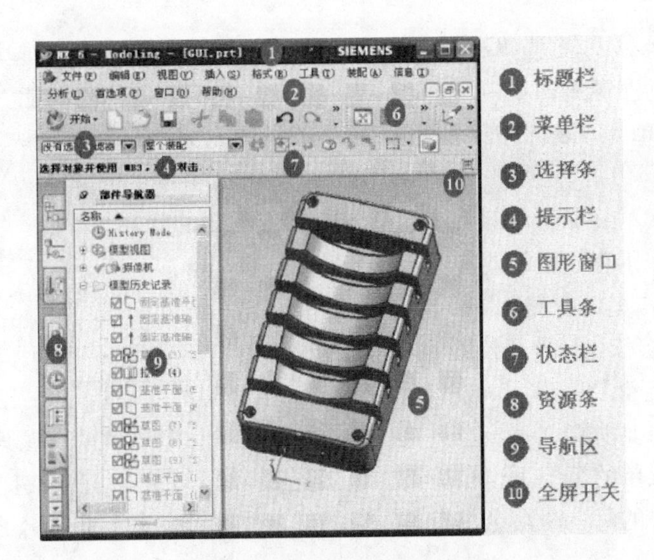

图 1-2　UG 软件的操作界面

用户需要指定软件模块类型（如【模型】、【图纸】、【仿真】或【加工】）。针对每个模块，用户还要选择文件类型，如【模型】中的【建模】，然后输入新建文件的名称，再选择文件保存的路径，如图 1-3 所示，最后单击【确定】按钮，即可创建一个新文件。

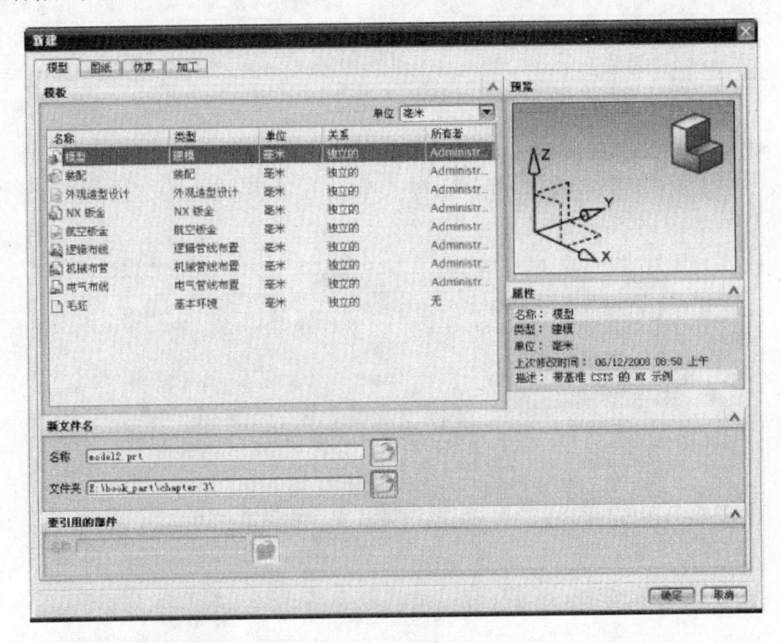

图 1-3　【新建】对话框

新建界面包括模型、装配、外观造型设计、NX 钣金、航空钣金、逻辑布线、机械布管及电气布线等功能。新建中的这些功能被广泛用于各个领域。

3. 鼠标和键盘的操作

鼠标和键盘是主要的输入工具，如果能够妥善运用鼠标按键与键盘按键，就能快速提高设计效率，因此正确、熟练地操作鼠标和键盘十分重要。

（1）鼠标的操作　使用UG时，最好选用如图1-4所示的含有3键功能的鼠标。在工作环境中，鼠标的左键MB1、中键MB2和右键MB3均有其特殊的功能。

1）左键（MB1）：鼠标左键用于选择菜单、选取几何体、拖动几何体等操作。

2）中键（MB2）：鼠标中键在UG系统中起着重要的作用，但不同的版本其作用有一定的差异。

3）右键：单击鼠标右键（MB3），会弹出快捷菜单（鼠标右键菜单），菜单内容依鼠标放置位置的不同而不同。

右键（MB3）
中键（MB2）
左键（MB1）

图1-4　鼠标

（2）键盘快捷键及其作用　在设计中，键盘作为输入设备，快捷键操作是其主要功能之一。通过快捷键，能提高设计者的效率。尤其是通过鼠标要反复地进入下一级菜单的情况下，快捷键的作用更明显。UG中的键盘快捷键数不胜数，甚至每一个功能模块的每一个命令都有其对应的键盘快捷键。表1-1列出了常用快捷键。

表1-1　常用快捷键

按键	功能	按键	功能
Ctrl + N	新建文件	Ctrl + J	改变对象的显示属性
Ctrl + O	打开文件	Ctrl + T	几何变换
Ctrl + S	保存	Ctrl + D	删除
Ctrl + R	旋转视图	Ctrl + B	隐藏选定的几何体
Ctrl + F	满屏显示	Ctrl + Shift + B	颠倒显示和隐藏
Ctrl + Z	撤消	Ctrl + Shift + U	显示所有隐藏的几何体

4. 定制工具条

定制命令用于定制菜单和工具条、图标大小、屏幕提示、提示行和状态行位置、保存和加载角色等，如图1-5所示。

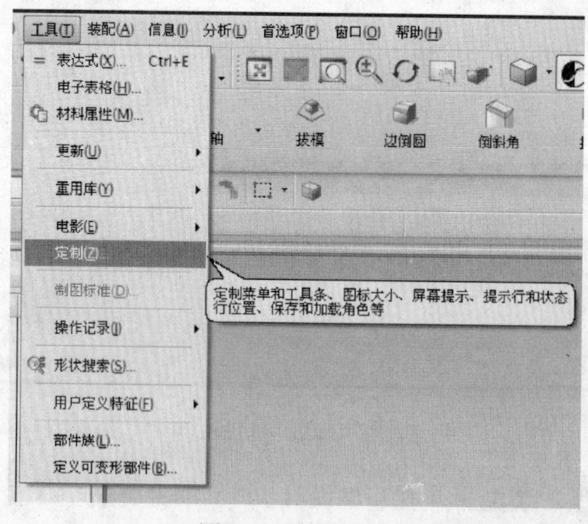

图1-5　定制命令

5. 类选择器

按快捷键【Ctrl + I】或【Ctrl + T】等，系统会自动弹出如图1-6所示的【类选择】对话框。

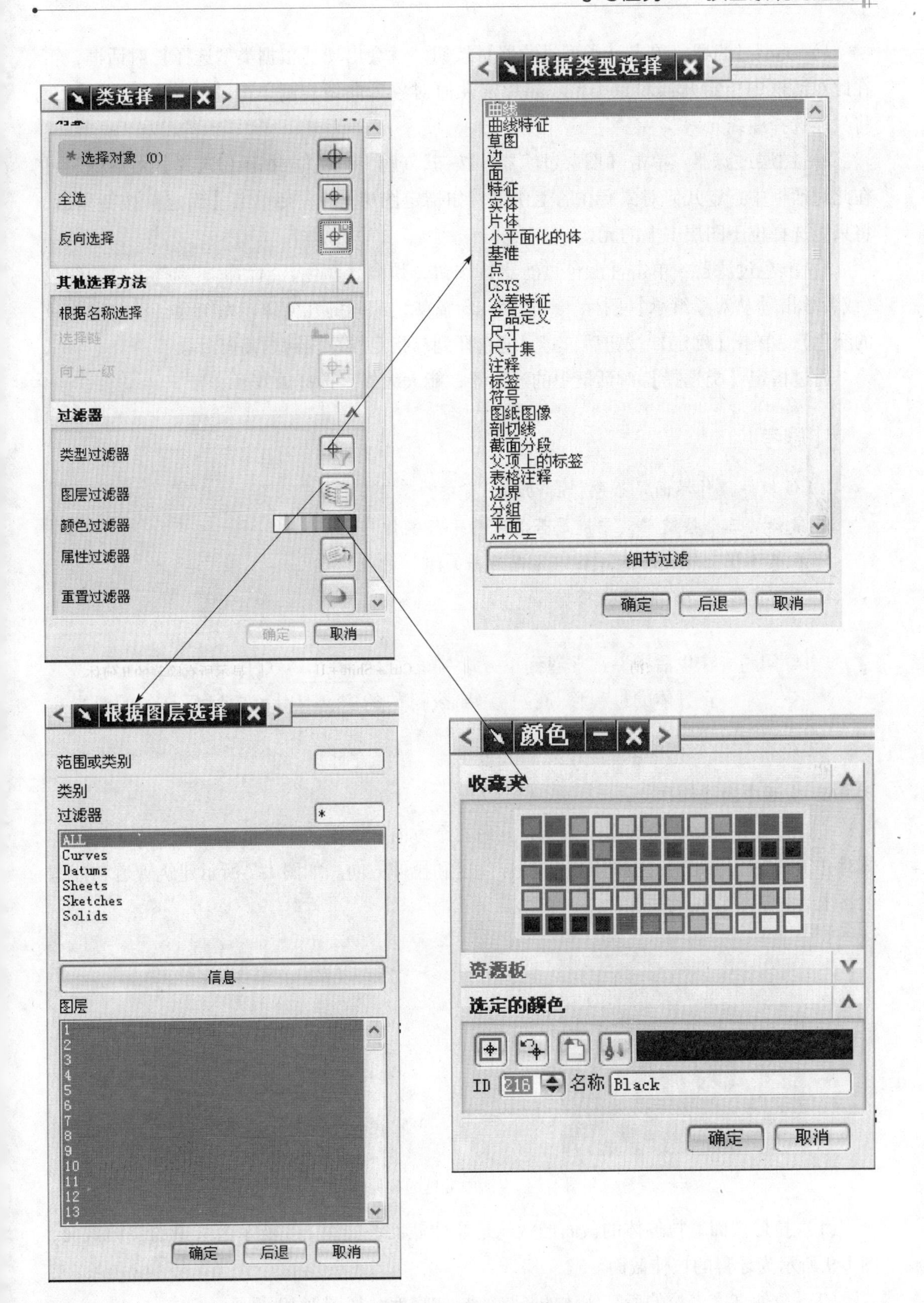
类选择
选择对象 (0)
全选
反向选择
其他选择方法
根据名称选择
选择链
向上一级
过滤器
类型过滤器
图层过滤器
颜色过滤器
属性过滤器
重置过滤器
确定
取消
根据类型选择
曲线
曲线特征
草图
边
面
特征
实体
片体
小平面化的体
基准
点
CSYS
公差特征
产品定义
尺寸
尺寸集
注释
标签
符号
图纸图像
剖切线
截面分段
父项上的标签
表格注释
边界
分组
平面
细节过滤
确定
后退
取消
根据图层选择
范围或类别
类别
过滤器
*
ALL
Curves
Datums
Sheets
Sketches
Solids
信息
图层
1
2
3
4
5
6
7
8
9
10
11
12
13
确定
后退
取消
颜色
收藏夹
资源板
选定的颜色
ID
216
名称
Black
确定
取消

图 1-6　【类选择】对话框

1）类型过滤器：单击【类型过滤器】按钮，就会出现【根据类型选择】对话框，可在此对话框中指定几何对象类型。如指定几何对象为曲线，则单击【确定】按钮以后，将只能选择曲线元素。

2）图层过滤器：单击【图层过滤器】按钮，就会出现【根据图层选择】对话框，可在此对话框中指定几何对象所在的工作层。如指定图层为1，则单击【确定】按钮以后，将只能选择位于图层1上的元素。

3）颜色过滤器：单击【颜色过滤器】按钮，弹出【颜色】对话框，选择需要的颜色（或者单击【从对象继承】图标，再选择与所需颜色相同的几何体，系统会自动取得相应的颜色），单击【确定】按钮后，将只能选择到与指定颜色相同的几何对象。

通过指定【类选择】对话框中的过滤器，能大大提高选择的效率。

1. UG软件操作界面是否包括自动编程窗口？
2. 鼠标的三个按键里，中键是否能进行平移操作？
3. 在菜单栏上能否新建一个“另存为并关闭”的快捷键？
4. 类型选择器包括的子选项有__________、__________和__________。

引导问题 在生活中，常常遇到正方形与正方体。在UG软件中，将正方形转换为正方体的过程称为拉伸。那么拉伸的定义是什么？所要具备的要素有哪些？

6. 生活中的拉伸体

拉伸特征是选择一个或多个截面，并向一个方向和一定的距离形成三维实体。拉伸实体时必须具备三个要素：拉伸截面、拉伸高度和拉伸方向。如图1-7所示建筑管道和牙膏的挤出为生活中常见的拉伸体。

图1-7 生活中常见的拉伸体

（1）拉伸截面 拉伸体的截面形状就是拉伸截面。如图1-8所示为管道的拉伸截面，图1-9所示为牙膏的拉伸截面。

（2）拉伸高度 拉伸所需实体的长度为拉伸高度，如图1-10所示。

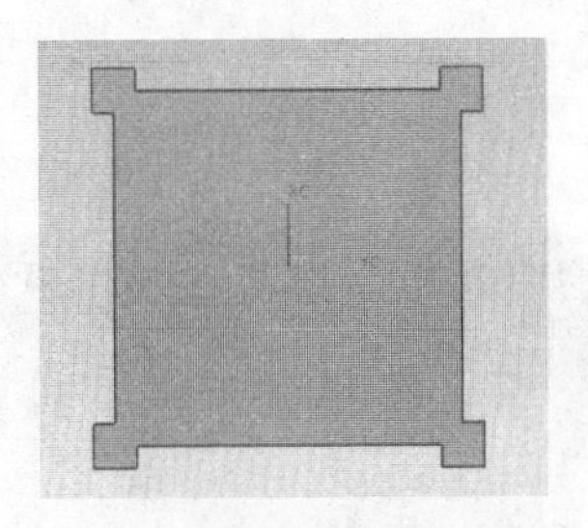

图 1-8　管道的拉伸截面

图 1-9　牙膏的拉伸截面

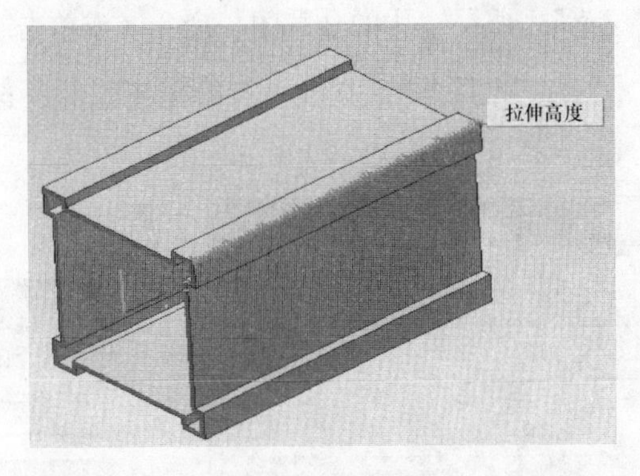

图 1-10　拉伸高度

[思考]

1. 生活中还有哪些物体是可以使用拉伸命令形成的?
2. 使用拉伸特征时必须具备哪些参数?

引导问题　在实际加工零件或绘制产品 3D 图时，常常需要通过分析产品零件图来获得参数。在图样分析中，可以获得哪些参数?

根据图 1-11 所示的顶尖零件图，可以获得以下信息。

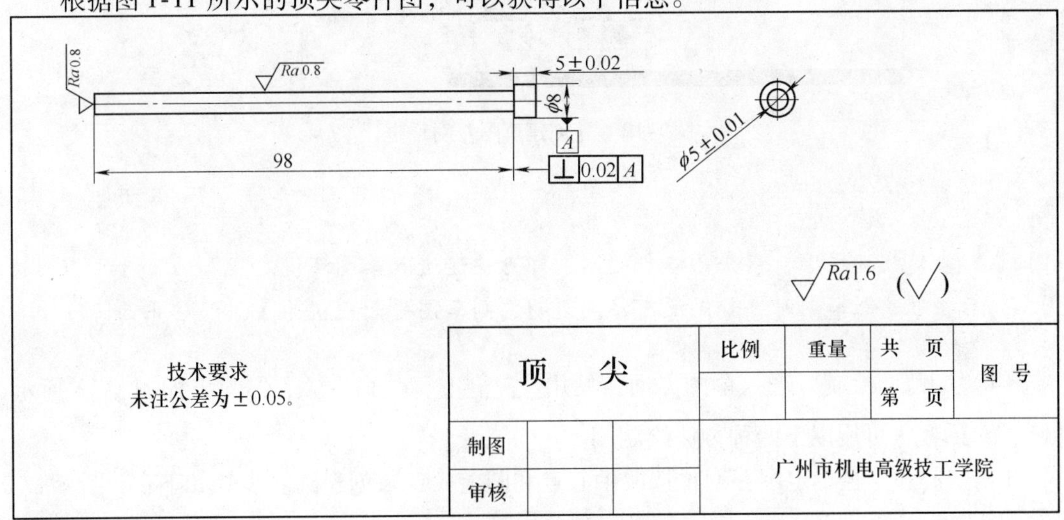

图 1-11　顶尖零件图

1）顶尖的尺寸：工作部分长度____________，半径____________。

2）±0.05 表示：____________。

引导问题 我们已知拉伸实物需要三个重要参数，那么在使用软件创建拉伸体时，都需要用到哪些命令？

7. 草绘

打开 UG 后，选择下拉菜单 插入(S) 中的【草图】命令（或单击【草图】按钮），系统弹出如图 1-12 所示的【创建草图】对话框。一般绘制图形时，选择 XC- YC 坐标系为基准面。

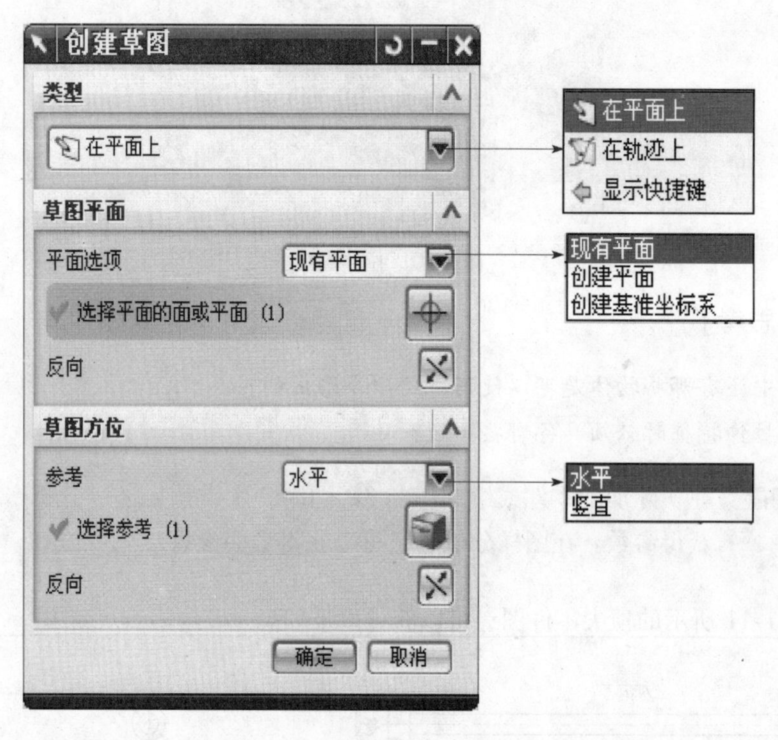

图 1-12 【创建草图】对话框

注意：

1）在三维建模环境下，双击已绘制的草图即可快速进入草图环境。

2）以后在创建新草图时，如果没有特别说明，则草图平面默认为 XC – YC 平面。

（1）圆弧的绘制 进入草图界面，使用____________命令，弹出如图 1-13 所示【圆】对话框，可用以下两种方法绘制圆。

1）中心和半径确定圆：通过选取中心点和圆上一点来创建圆。步骤如下：

①选择“中心和半径确定的圆”按钮。

②定义圆心（一般以坐标原点为圆心）。

③定义圆的半径。可以通过拖动鼠标来确定圆的大小，也可以在“直径”框内输入数值，如图 1-14 所示。

图 1-13　【圆】对话框

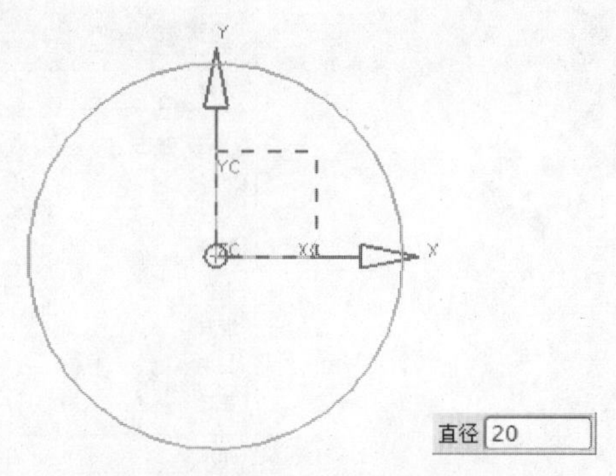

图 1-14　圆的直径设定

④单击鼠标中键，结束圆的创建。

2）三点确定圆：通过确定圆上的三个点来创建圆，按钮为 。

（2）尺寸的标注　根据要求对绘制的图形进行尺寸标注，选择____________命令 ，系统弹出如图 1-15 所示的尺寸标注命令框。

1）定义标注尺寸的对象。单击草图中的控制点（或线条），系统生成约束尺寸。

2）定义尺寸放置的位置。移动鼠标至合适位置，单击放置尺寸。如果要改变直线尺寸，则可以在弹出的动态输入框中输入所需的数值，如图 1-16 所示。

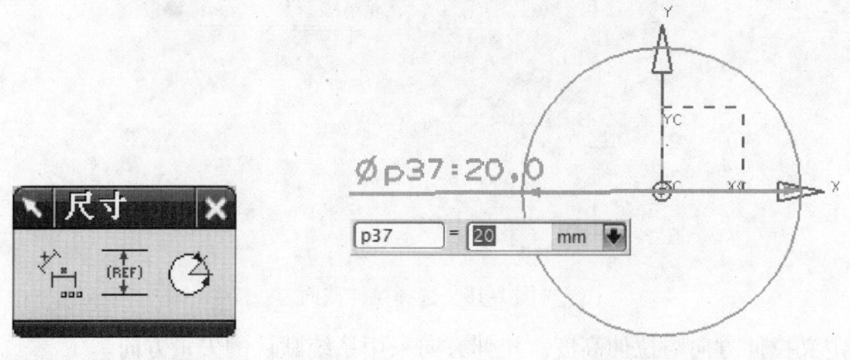

图 1-15　尺寸标注命令框　　　　图 1-16　尺寸的标注

注意：当约束出现重复时，约束将以红色显示，这时需要删除多余约束。

8. 拉伸实体

拉伸是____。

1）选择命令。在建模环境下，选择下拉菜单中的 插入(S) → 设计特征(E) → 拉伸(E)... 命令（或单击工具栏中的【拉伸】按钮 ），系统弹出如图 1-17 所示的

【拉伸】对话框。

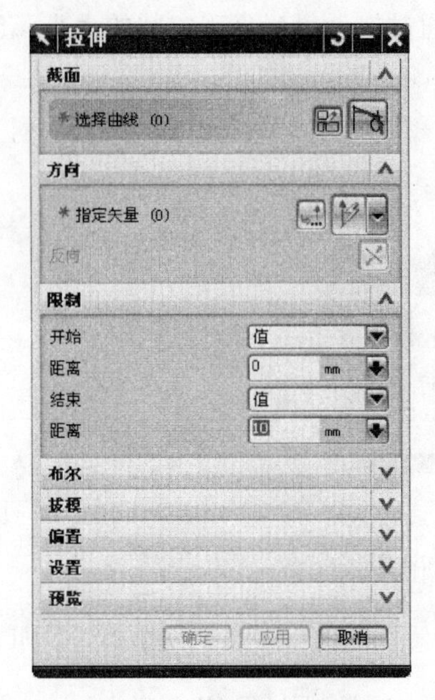

图 1-17　【拉伸】对话框

定义拉伸特征截面草图的方法有两种：选择已有的草图作为截面草图和创建新草图作为截面草图（本例介绍创建新草图作为截面草图的方法）。

2）选择拉伸截面，如图 1-18 所示。

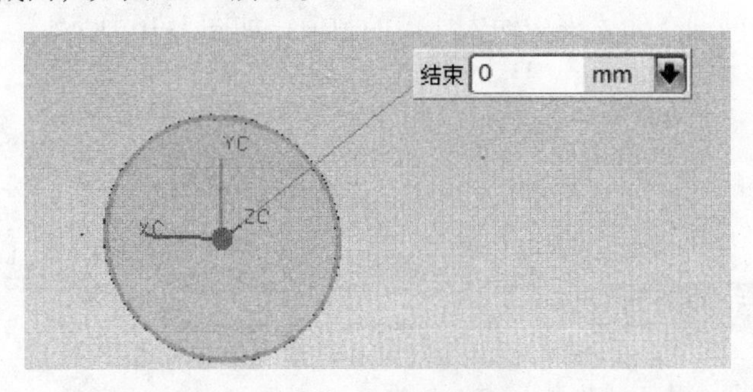

图 1-18　选择拉伸截面

3）定义拉伸方向与拉伸高度。拉伸方向采用系统默认的矢量方向。

在动态文本框中输入要拉伸的数值，如图 1-19 所示。

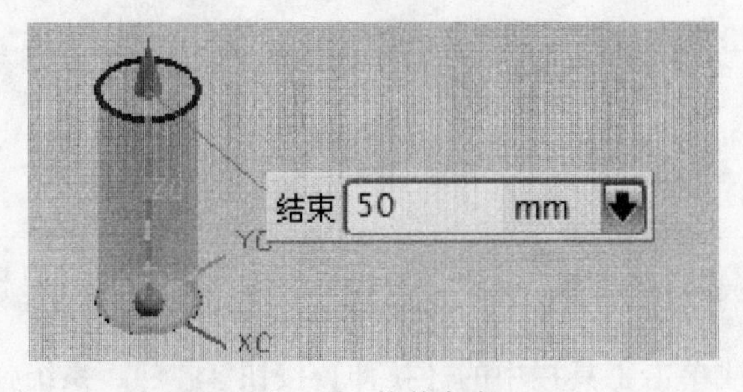

图 1-19　拉伸高度

4）完成拉伸，如图 1-20 所示。

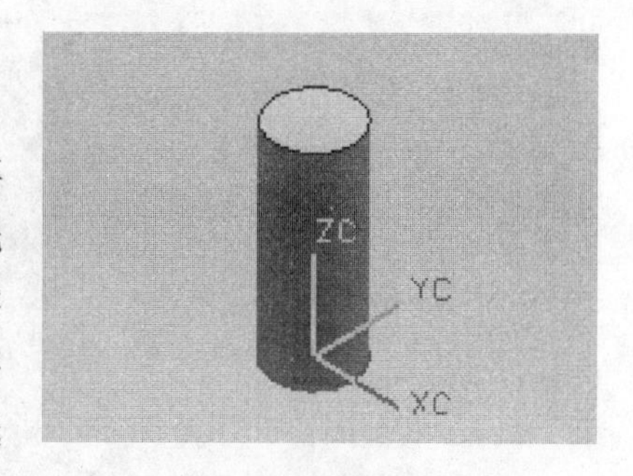

图 1-20　拉伸实体

9. 布尔运算

布尔运算操作可以将原先存在的多个独立的实体进行运算，以产生新的实体。进行布尔运算时，首先选择目标体（被执行运算的实体，只能选择一个），然后选择工具体（在目标上执行操作的实体，可选择多个）。运算完成后，工具体成为目标体的一部分。如选择＿＿＿＿＿＿命令，可进行布尔求和操作，即将工具体和目标体合并成一体，如图 1-21 所示。

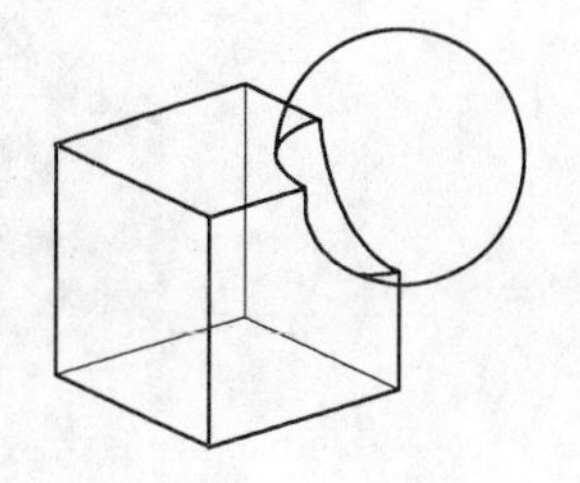

图 1-21　求和的操作过程

［思考］

1. 在任务提示栏中是否也可以进行布尔运算？
2. 举例说明在什么情况下需要用到布尔运算。

【计划与实施】

一、制订计划

根据图 1-11 所示零件图和图 1-22 所示立体图，结合本任务所学命令，制订如下计划，见表 1-2。

表 1-2　计划表

序　号	内　容	命令名称
1	新建 UG 文档	新建命令
2	选择草图绘制基准面	
3		草图、圆
4	圆的尺寸标注、约束	
5		拉伸
6	绘制 *R*3mm 圆	
7	拉伸顶尖工作部分，长 103mm	
8		求和
9	完成顶尖的建模	保存

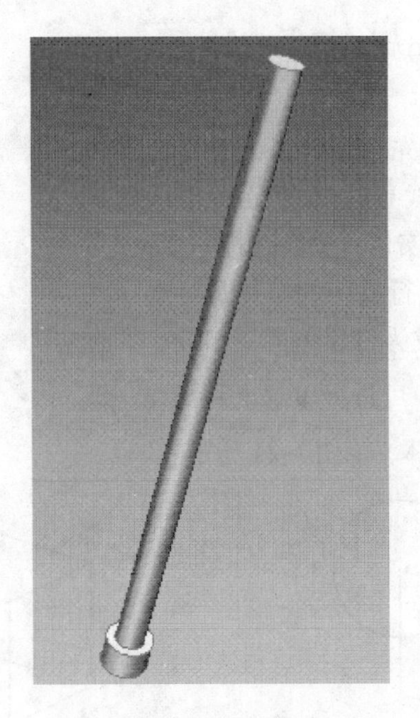

图 1-22　顶尖

二、任务实施

步骤一：新建一个模型，进入绘图界面，如图 1-23 所示。

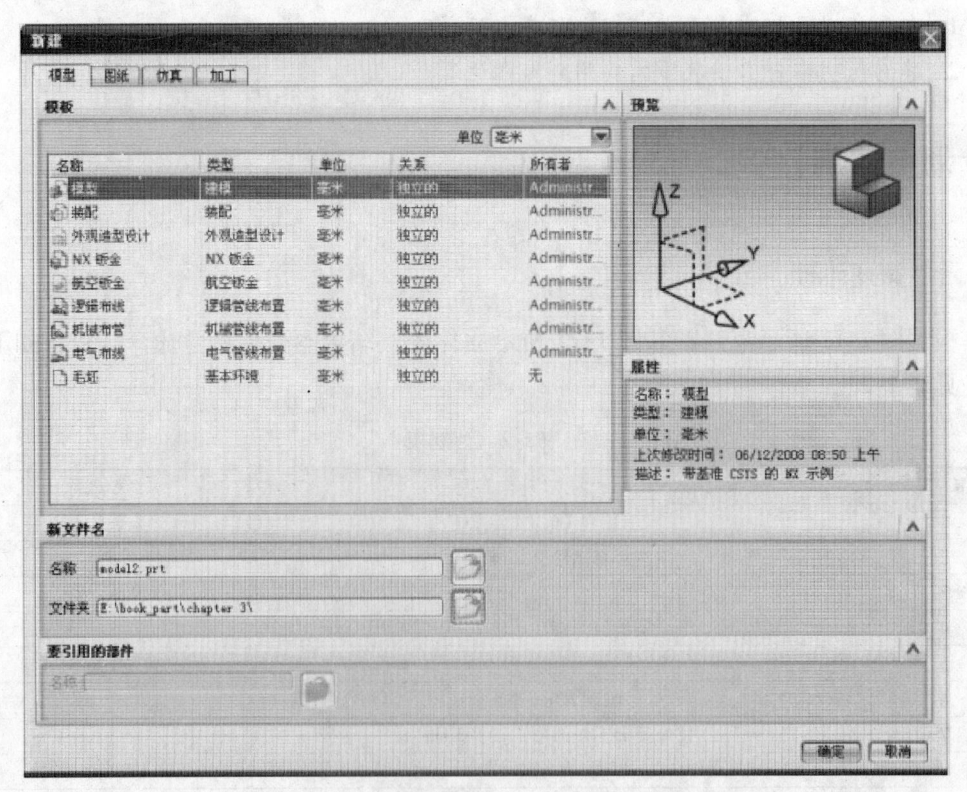

图 1-23　创建界面

步骤二：选择下拉菜单 插入(S) 中的【草图】命令或单击【草图】按钮，并选择合适的坐标系（XC－YC），进入【创建草图】对话框，如图1-24所示。

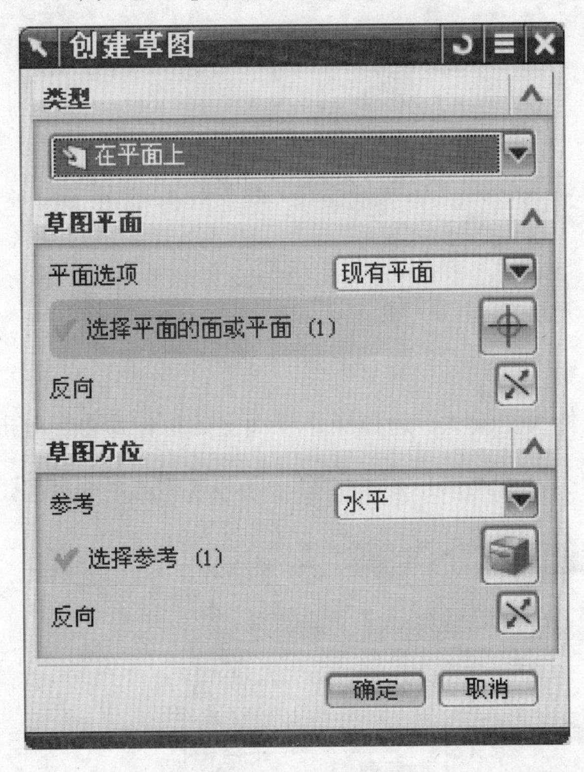

图1-24　【创建草图】对话框

步骤三：进入草图界面，单击圆形命令：________________________，并输入所需半径值__________，如图1-25所示。

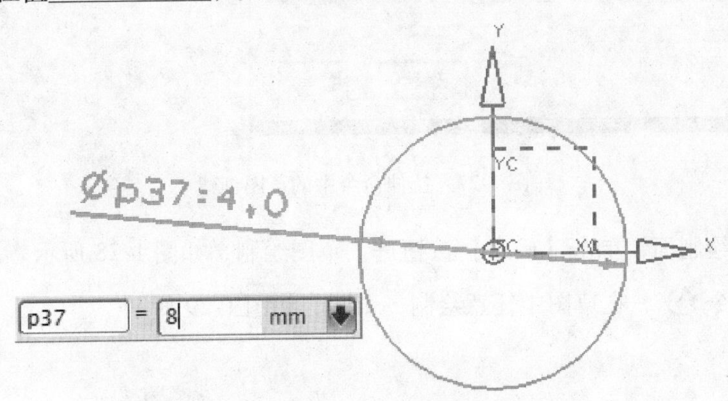

图1-25　绘制圆

步骤四：单击完成草图快捷键Ctrl＋Q，然后在拉伸界面中选择默认的方向及截面曲线，并在限制窗口的开始距离处输入0，根据图样要求在结束距离处输入__________，然后单击【确定】按钮，完成本次拉伸，效果如图1-26所示。

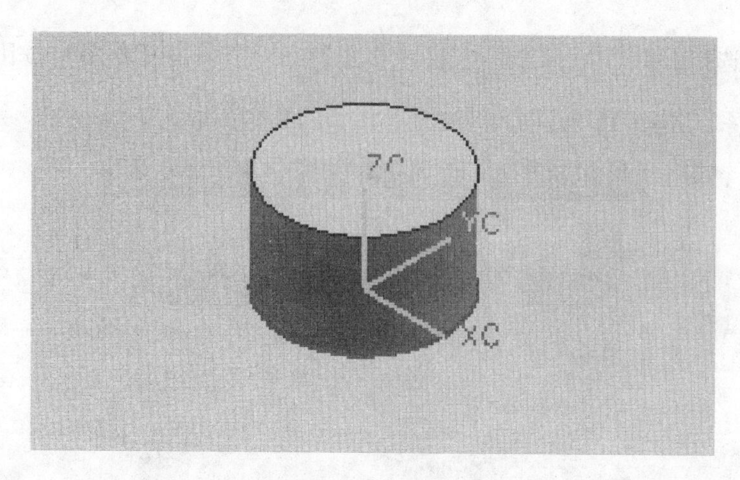

图 1-26　拉伸圆

步骤五：单击拉伸快捷键 X，选择操作界面上的拉伸命令，单击【选择曲线】栏中的草绘按钮，并选择合适的坐标系（XC – YC），进入草绘页面，如图 1-27 所示。

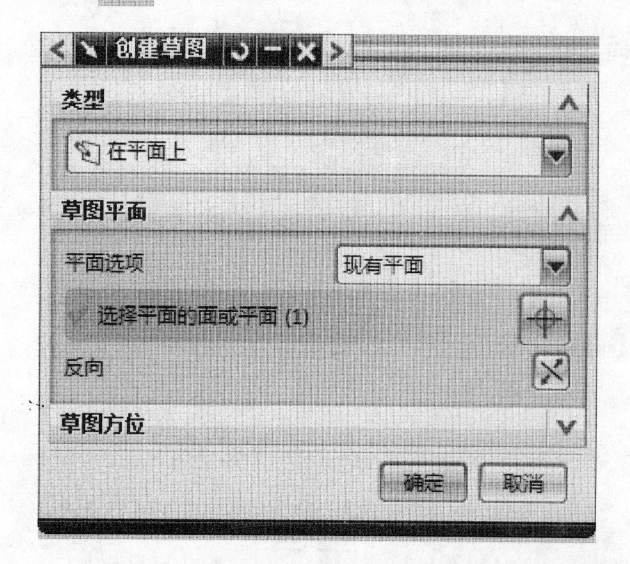

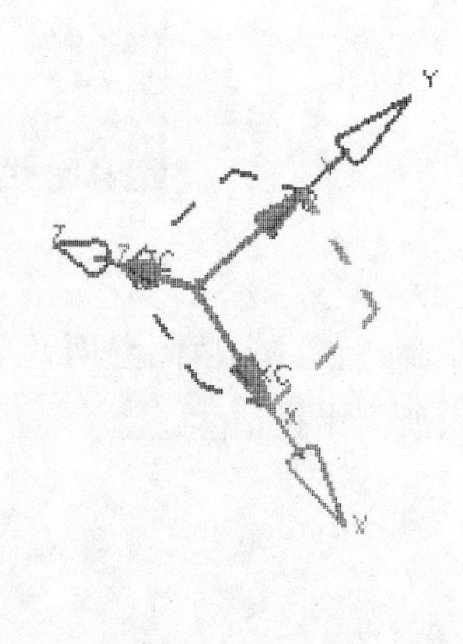

图 1-27　拉伸命令中的草图创建

选择图形绘制面，单击【确定】按钮进入草图绘制，如图 1-28 所示。

单击圆命令，在草图中任意绘制一个圆，如图 1-29 所示。

图 1-28　选择绘制截面

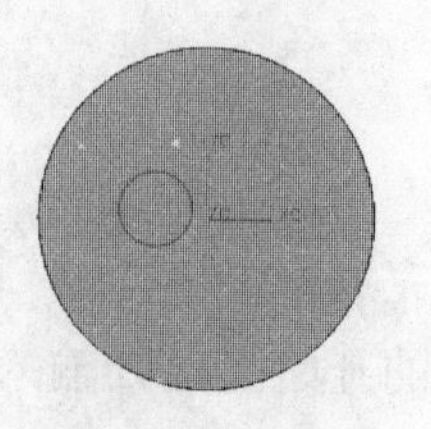

图 1-29　绘制圆

选择约束命令，选择需要约束的图形，弹出【约束】对话框，如图 1-30 所示。

在【约束】对话框中选择同心命令，使绘制的圆与拉伸实体中的圆同心，如图 1-31 所示。

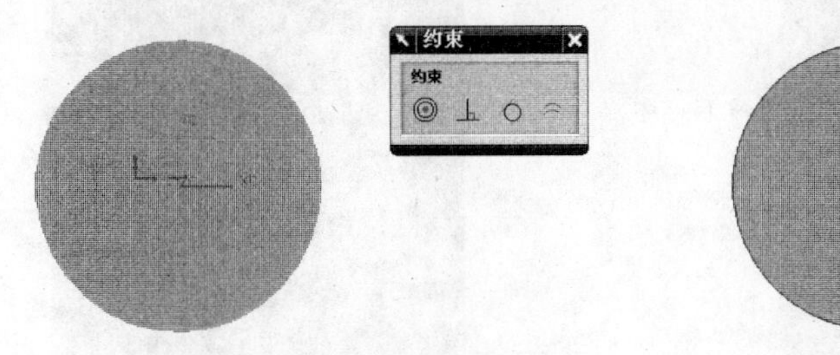

图 1-30　【约束】对话框　　　　图 1-31　约束“同心”

选择____________命令，对图形进行尺寸标注，如图 1-32 所示，并退出草图界面。

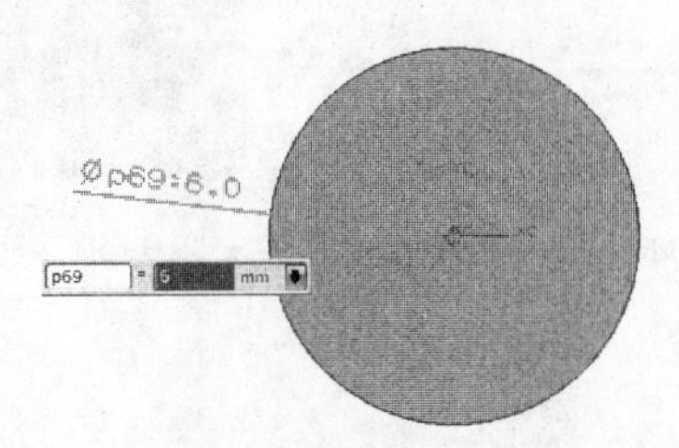

图 1-32　标注尺寸

在【拉伸】对话框中填入拉伸高度 103（图 1-33），完成拉伸，如图 1-34 所示。

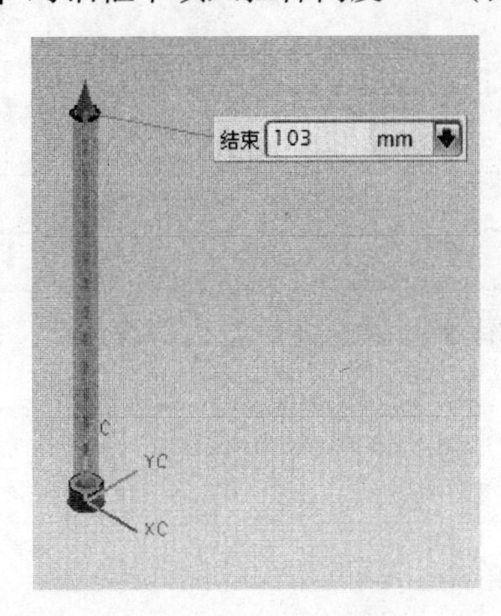

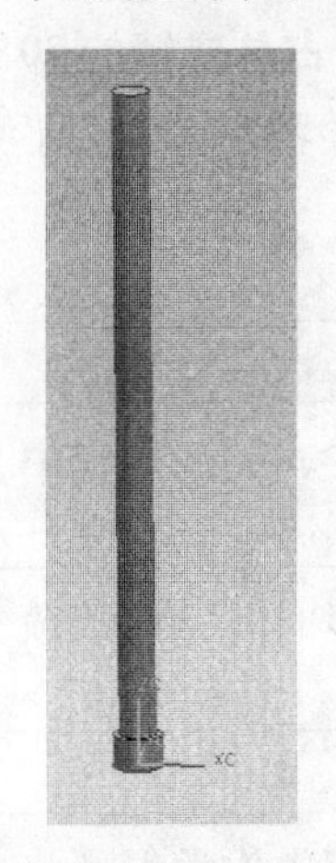

图 1-33　“输入参数”　　　　图 1-34　“拉伸完成”

步骤六：选择____________命令，选择目标体与刀具体，如图 1-35 所示，然后单击鼠标中键，完成操作。

步骤七：完成顶尖的建模，如图 1-36 所示。

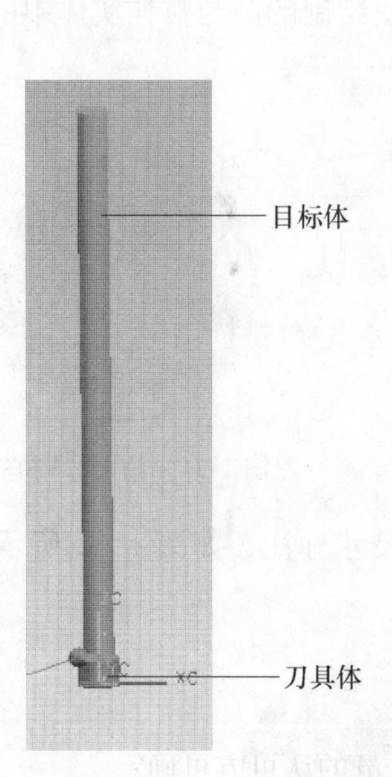

图 1-35　选择目标体及刀具体

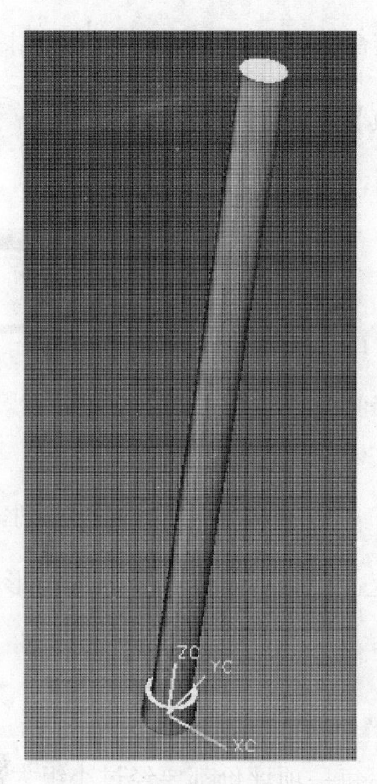

图 1-36　完成顶尖的建模

【评价与反馈】

根据建模情况及学员接受能力等实际情况，制订有针对性的评价制度。

1. 自我评价（占总成绩的 20%）

1）通过本次学习，你学会了哪些命令？都有什么作用？

评价情况：____

2）在本次顶尖建模的过程中，遇到了什么问题？你是怎么解决的？

评价情况：____

3）你花了多少时间完成了顶尖的建模？是否有更快的方法？

评价情况：____

4）在建模过程中你觉得哪些方面还有待改进？

评价情况：____

签名：__________　　______年______月______日

2. 小组互评（占总成绩的30%）

进行互评并填写小组互评表，见表1-3。

表1-3　小组互评表

被评小组名称：		
被评小组成员：		
序号	评价项目	评价（1~25）
1	对命令的掌握是否牢固	
2	制订的计划是否能顺利完成建模	
3	完成图形绘制时，是否出现图形或尺寸的错误	
4	是否能在规定时间内完成工作任务	
合计		

参与评价的同学签名：__________　　　　____年____月____日

表格填写说明：

1）小组互评表由其他小组进行评价填写，自己小组的成员不参与自己小组的评价。

2）填写每一项评价都要经过小组大部分人员的认可方可确定分数。

3）必须客观公正地对待填写过程。

4）其他任务中的小组互评表也按此说明填写。

3. 教师评价（占总成绩的50%）

在教师引导下根据表现由小组进行评价，再由指导教师给出考核结果，并填写表1-4。

表1-4　考核结果表（教师填写）

单位名称	广州市机电技师学院	班级学号		姓名		成绩	
		图样编号		图样名称			

序号	评价项目	考核内容	所占比率（%）	得分
1	识读零件的三视图	零件图的识读	15	
2	完成习题情况	本任务的学习内容	25	
3	命令的掌握程度	考验学生对本任务学习的命令的掌握程度	25	
4	零件图的绘制是否正确	参照绘制的零件图检查本次学习任务的完成情况	20	
5	团队协作精神	能与小组成员和谐相处，互相学习，互相帮助，不一意孤行（团队合作精神）	15	
合计			100	

教师签名：__________　　　　____年____月____日

子任务 2　顶尖板的建模

学习目标

1）能学会镜像曲线、倒圆角、倒斜角尺寸约束及几何约束。
2）能运用所学的命令，完成零件的建模。

建议学时　2 学时。

【学习准备】

引导问题　在学习 UG 绘图软件的过程中，拉伸特征都是用于创建圆形零件，那么拉伸特征是否可以用于创建其他形状的零件？

一、拉伸体的其他特征

在上一个任务中我们知道，拉伸特征是选择一个或多个截面，向一个方向和一定的距离形成三维实体。但在许多的拉伸体中还有其他特征，例如模板上的螺纹孔和边缘的倒角等，如图 1-37 所示。

图 1-37　顶尖板

在实际加工零件或绘制产品 3D 图时，常常需要通过分析产品零件图来获得参数。通过分析如图 1-38 所示的顶尖板零件图，可以获得以下参数。

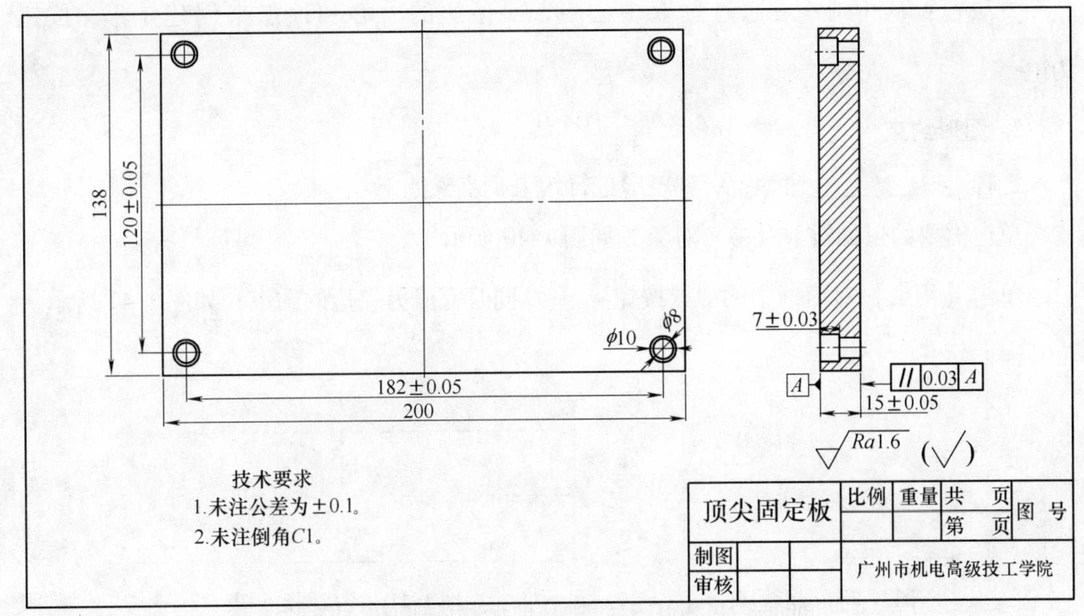

图 1-38　顶尖板零件图

1）图中顶尖板的长、宽、高各是＿＿＿＿＿＿＿＿＿＿＿＿＿＿＿＿＿＿＿＿＿＿＿＿＿＿＿。

2）图样中，C1 代表：＿＿＿＿＿＿＿＿＿＿＿＿＿＿＿＿＿＿＿＿＿＿＿＿＿＿＿＿＿。

二、截面绘图命令

1. 矩形的绘制

打开 UG 后，可进入草图命令，单击矩形命令进行矩形的绘制。

在绘制草图时，使用该命令可省去绘制四条线段的麻烦。共有以下三种绘制矩形的方法。

方法一：用两点——通过选取两对角点来创建矩形。

1）选择“用两点”按钮。

2）定义第一个角点。在图形区某位置单击，放置矩形的第一个角点。

3）定义第二个角点。

4）单击鼠标中键，结束矩形的创建，如图 1-39 所示。

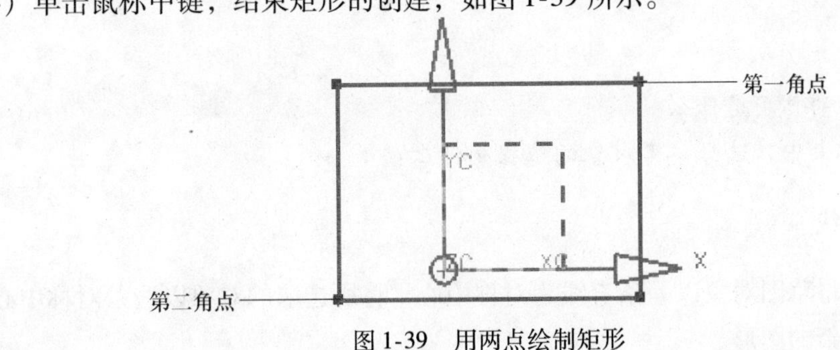

图 1-39　用两点绘制矩形

方法二：用三点——通过选取三个顶点来创建矩形，按钮为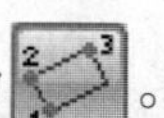。

方法三：从中心——通过选取中心点、一条边的中心和顶点来创建矩形，按钮为 。

2. 图形约束

选择____________命令 对矩形进行约束，步骤如下：

单击需要约束的对象及参考对象，如图 1-40 所示。

单击【约束】对话框中的中点按钮 ，同时完成另一边的约束，如图 1-41 所示。

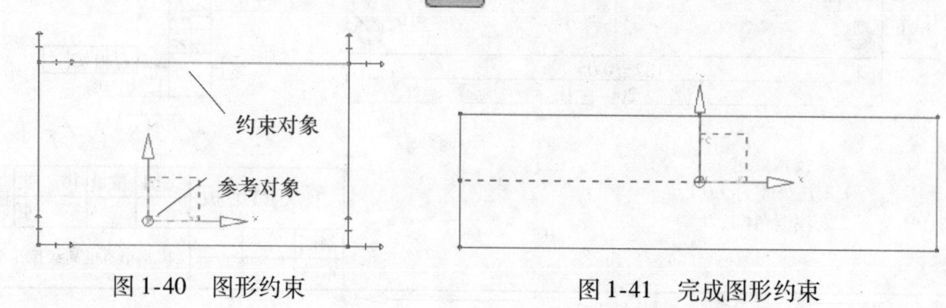

图 1-40　图形约束　　图 1-41　完成图形约束

绘制正方形时，在完成上面操作的前提下，完成“等长”约束，如图 1-42 所示。

先选择相邻的两条直线，再选择对话框中的等长按钮 ，完成操作，如图 1-43 所示。

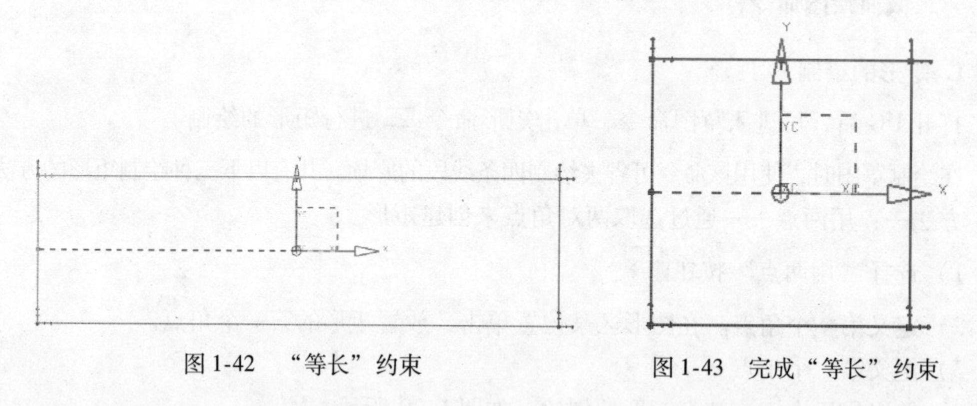

图 1-42　“等长”约束　　图 1-43　完成“等长”约束

[思考]

1. 图形约束的作用是什么？
2. 在图形约束中，选择参考对象的依据是什么？

三、镜像曲线

镜像操作是将草图对象以一条直线为对称中心，将所选取的对象以这条对称中心为轴进行复制，生成新的图形。

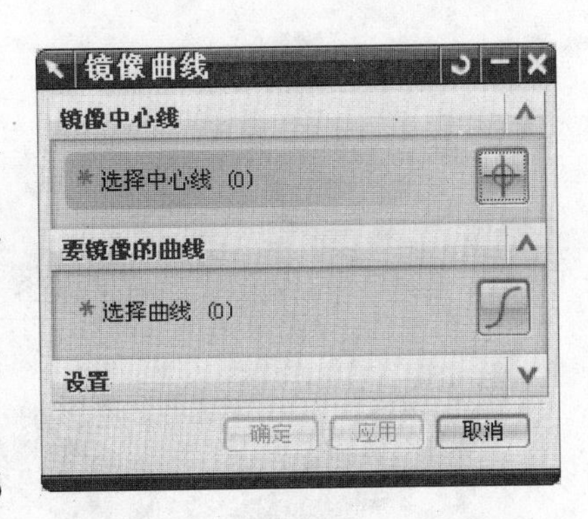

图 1-44　【镜像曲线】对话框

1）选择命令。选择下拉菜单中的 插入(S) → 来自曲线集的曲线(F) → 镜像曲线(M)... 命令（或单击工具栏中的【镜像曲线】按钮），系统弹出如图 1-44 所示的【曲线镜像】对话框。

2）定义中心线。选取镜像中心线，如图 1-45 所示。

3）选择要镜像的曲线（黄色线），如图 1-46 所示。

4）完成曲线镜像，如图 1-47 所示。

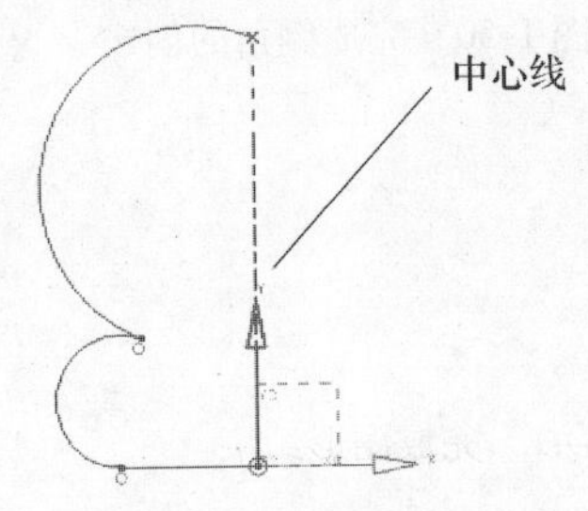

图 1-45　选取镜像中心线

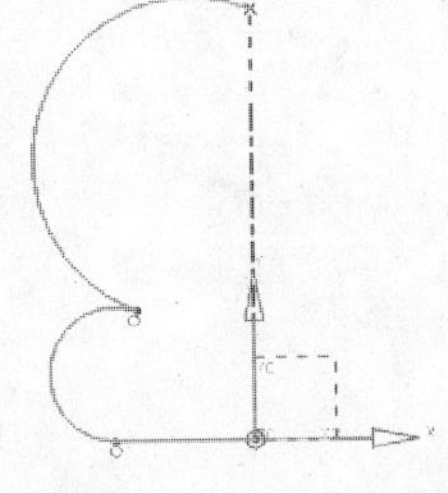

图 1-46　选择镜像曲线

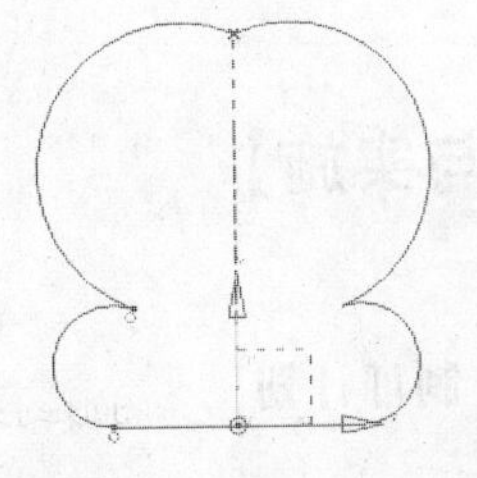

图 1-47　完成曲线镜像

四、倒角

构建特征不能单独生成，只能在其他特征上生成。孔特征、倒角特征和圆角特征等都是典型的构建特征。使用倒角命令可以在两个面之间创建用户需要的倒角。

1）选择命令。选择下拉菜单中的 插入(S) → 细节特征(L) → 倒斜角(C)... 命令（或单击工具栏中的【倒斜角】按钮），系统弹出如图 1-48 所示的【倒斜角】对话框。

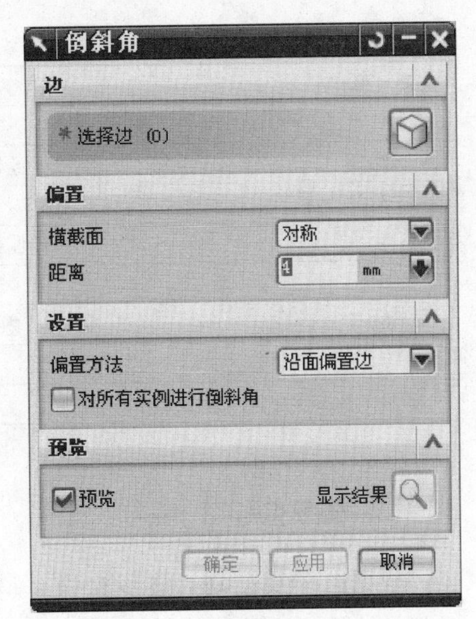

图 1-48　【倒斜角】对话框

2）选择倒角方式。在【横截面】下拉列表中选择【对称】选项。

3）选择倒角对象，如图 1-49 所示（黄色曲线为参考线）。

4）定义倒角参数。在动态输入框中输入数值（也可拖动手柄至需要位置）。

5）单击鼠标中键，完成倒角创建，如图 1-50 所示。

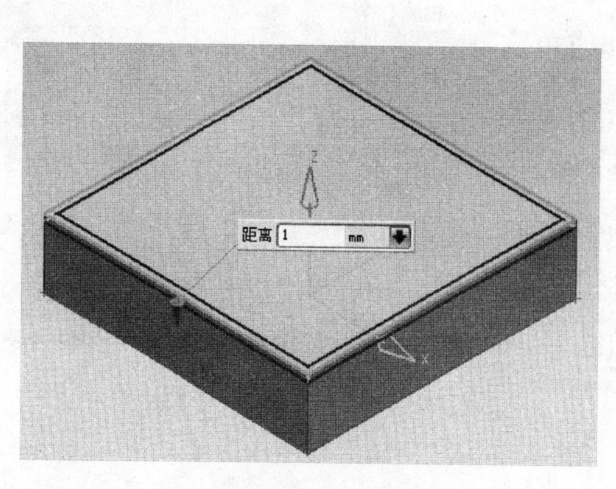

图 1-49　选择倒角对象

图 1-50　完成倒角的创建

【计划与实施】

一、制订计划

根据图 1-38 所示顶尖板零件图，结合本任务所学命令，制订如下计划，见表 1-5。

表 1-5　计划表

序　号	内　容	命令名称
1		创建
2	绘制矩形	
3		拉伸
4	绘制螺纹过孔	拉伸内的草图
5		镜像曲线
6	完成 *R*5 螺纹过孔的创建	
7		拉伸、求差
8		倒角命令

二、任务实施

根据图样及计划，逐步操作，最终完成顶尖板的建模，步骤如下：

1）＿＿＿＿＿＿＿＿＿＿＿＿＿＿＿＿＿＿＿＿＿。

2）进入草图界面，单击矩形命令，绘制图 1-51 所示矩形，其长为：200，宽为 138。

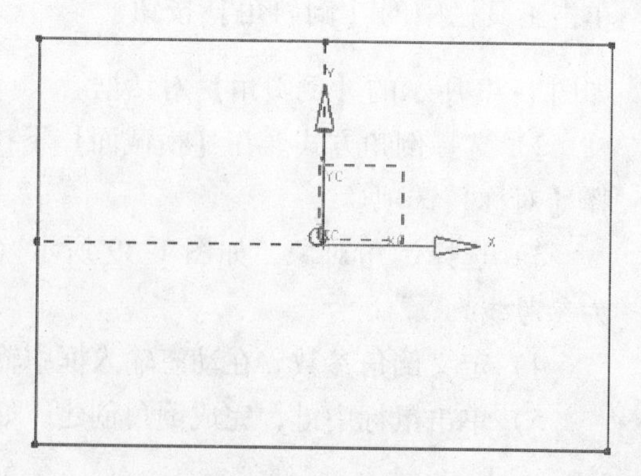

图 1-51　绘制矩形

3）＿＿＿＿＿＿＿＿＿＿＿＿＿＿＿＿＿＿＿＿＿。

4）单击拉伸特征，在已完成拉伸的实体上

建立螺纹过孔，孔径为 $\phi10$，如图 1-52所示。

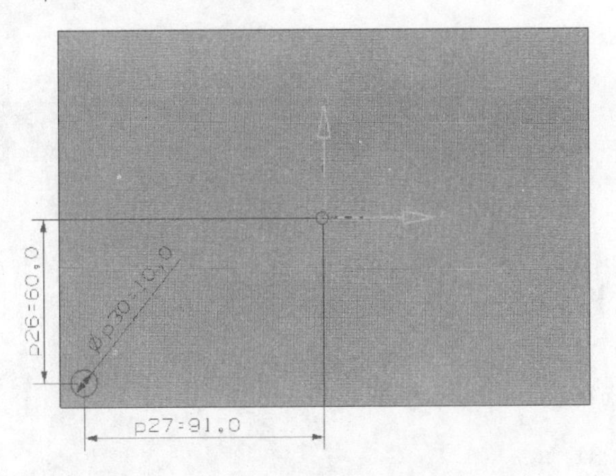

图 1-52　绘制孔

5）使用镜像特征，绘制图 1-53 所示镜像孔。

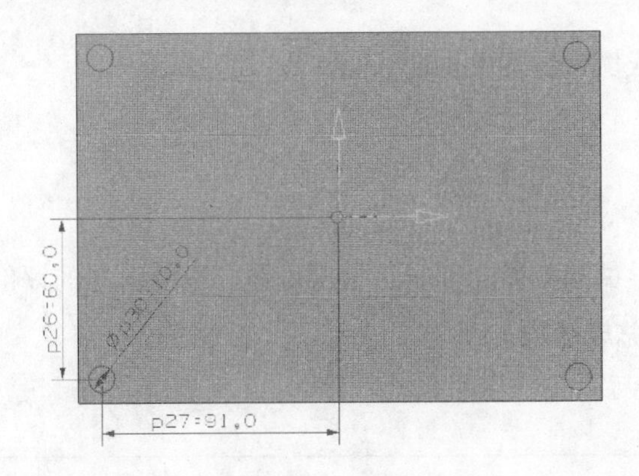

图 1-53　镜像孔

6）拉伸孔。方法为____。

7）使用拉伸和求差命令（图 1-54）完成半径为 4mm 的螺纹过孔，如图 1-55 所示。

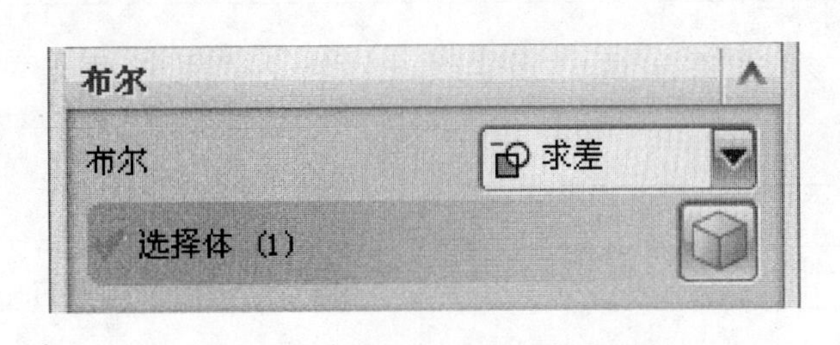

图 1-54　布尔运算“求差”

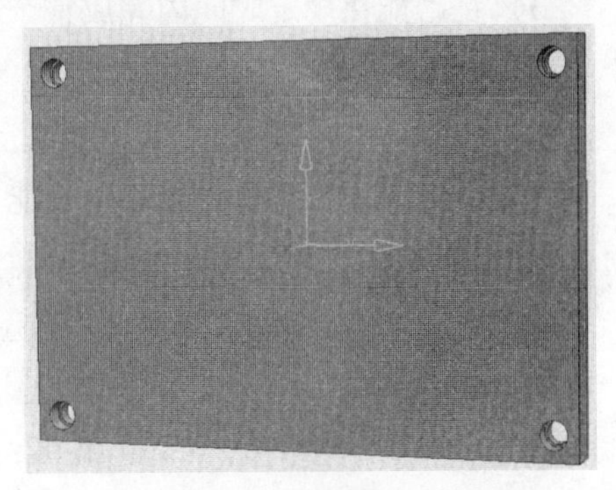

图 1-55　完成螺纹过孔的创建

8）倒角特征。将该零件的所有边按图样尺寸进行倒角，达到如图1-56所示效果，完成顶尖板的创建。

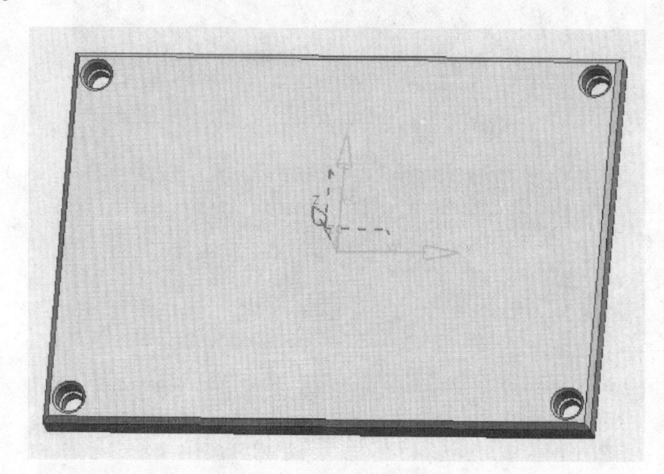

图1-56　完成顶尖板的创建

请同学们自行完成倒角特征的创建。

【评价与反馈】

根据建模情况及学员接受能力等实际情况，制订有针对性的评价制度。

1. 自我评价（占总成绩的20%）

1）顶尖板的建模与顶尖的建模有哪些异同点？

评价情况：____

____

____

2）在本次顶尖板建模的过程中，是否遇到了问题？

评价情况：____

3）是否能在规定时间内完成整个顶尖板的建模？

评价情况：____

____

4）顶尖板上沉头孔的创建是否能一步完成？

评价情况：____

____

____

签名：__________　　______年______月______日

2. 小组互评（占总成绩的30%）

进行互评并填写小组互评表，见表1-6。

表 1-6　小组互评表

被评小组名称：		
被评小组成员：		
序号	评价项目	评价（1～25）
1	对命令的掌握是否牢固	
2	制订的计划是否能顺利完成建模	
3	完成图形绘制时，是否出现图形或尺寸的错误	
4	是否能在规定时间内完成工作任务	
合计		

参与评价的同学签名：＿＿＿＿＿　　＿＿年＿＿月＿＿日

3. 教师评价（占总成绩的 50%）

在教师引导下根据表现由小组进行评价，再由指导教师给出考核结果，并填写表 1-7。

表 1-7　考核结果表（教师填写）

单位名称	广州市机电技师学院	班级学号		姓名		成绩	
		图样编号		图样名称			

序号	评价项目	考核内容	所占比率（%）	得分
1	识读零件的三视图	零件图的识读	15	
2	完成习题情况	本任务的学习内容	25	
3	命令的掌握程度	考验学生对本任务学习的命令的掌握程度	25	
4	零件图的绘制是否正确	参照绘制的零件图检查本次学习任务的完成情况	20	
5	团队协作精神	能与小组成员和谐相处，互相学习，互相帮助，不一意孤行（团队合作精神）	15	
合计			100	

教师签名：＿＿＿＿＿　　＿＿年＿＿月＿＿日

[拓展任务]

导向块的建模

引导问题　在模具零件中，有许多的零件都是不规则的，例如本拓展任务中的导向块。那么导向块的创建是否也能用拉伸特征完成？

拉伸体的其他特征：

通过前面的讲解，我们知道拉伸是由拉伸截面、拉伸高度、拉伸方向三个要素组成的。

请判断图 1-57 所示的零件图使用了几次拉伸特征？拉伸方向分别是什么？

＿＿＿＿＿＿＿＿＿＿＿＿＿＿＿＿＿＿＿＿＿＿＿＿＿＿＿＿＿＿＿＿＿＿。

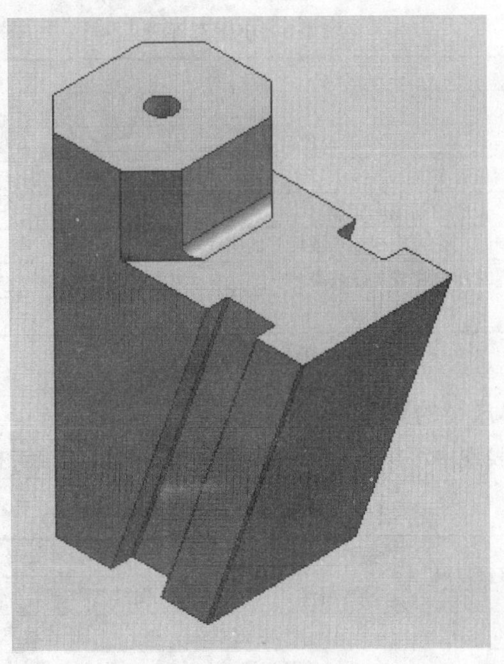

图 1-57　导向块

1. 分析图样

通过分析图 1-58 所示导向块零件图，可获得哪些参数?

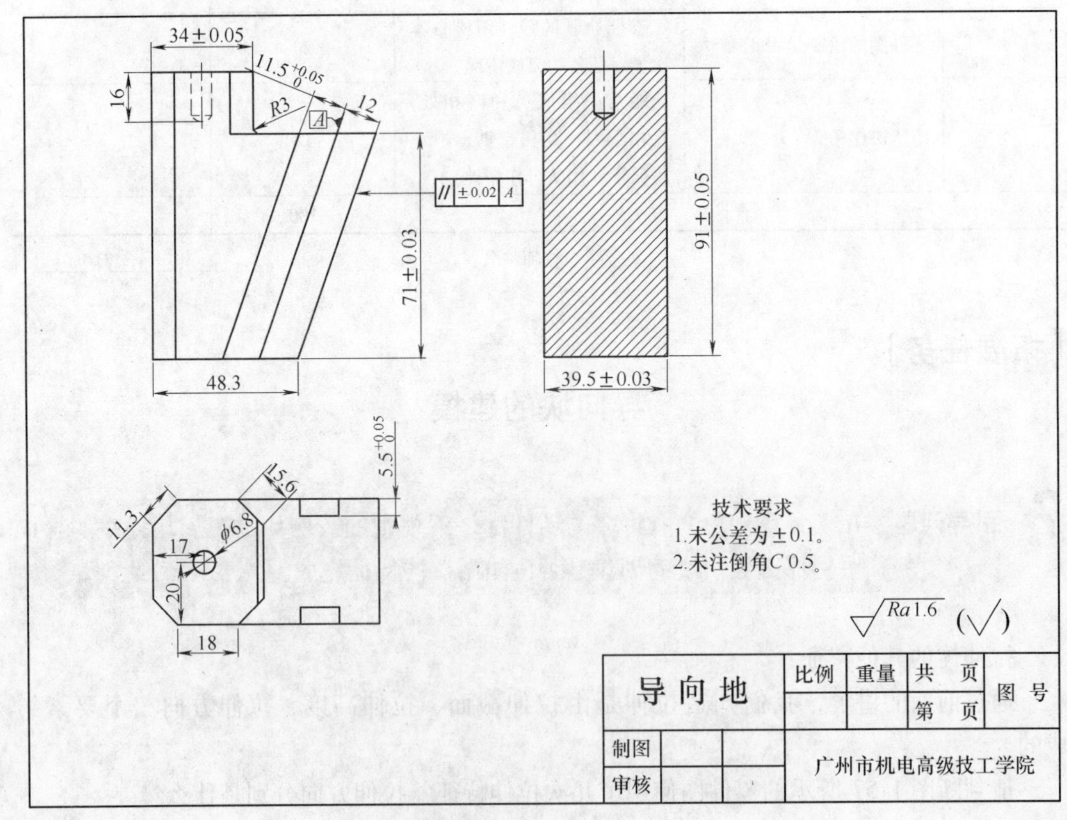

图 1-58　导向块零件图

2. 制订计划

根据图 1-58 所示零件图，结合本任务所学命令，制订如下计划，见表 1-8。

表 1-8　计划表

序　号	内　容	命令名称
1	创建文档	
2		草图直线命令
3		尺寸标注、几何约束
4	拉伸绘制已绘制图形	
5	选择 XC－ZC 平面绘制图形	
6		拉伸
7	创建导滑槽	
8	重复第 7 步	
9		求和、求差命令
10		边倒圆命令
11	＿＿＿＿＿＿，完成建模	使用“NX5 之前的孔”命令

3. 任务实施

根据图样及计划，逐步进行操作，最终完成导向块的建模，并保存相应 UG 图档。

学习任务二　标准件的建模

学习目标

完成本学习任务后，应当具备以下技能。

1）能通过查阅资料或者观看教学视频创建回转特征。

2）能通过查阅资料或者观看教学视频创建成形特征。

3）能通过查阅资料或者观看教学视频创建键槽特征。

4）能进行布尔操作。

5）能对草图进行修剪及制作拐角。

6）能创建基准轴。

7）能对图形进行几何约束。

8）能对图形进行尺寸约束。

9）能在教师的指导下，独立或以小组工作的方式完成浇口套和快接头的建模。

建议学时　12学时。

内容结构

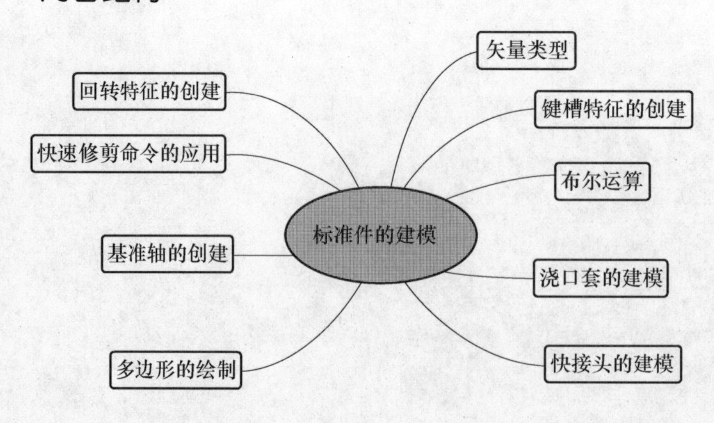

任务描述

某模具设计公司委托我校完成简单零件建模任务，要求使用 UGNX6.0 软件进行建模。根据图样绘制浇口套及快接头的三维模型，工时为两天，尺寸需严格按照图样要求。任务完成后，提交 UG 零件模型图。

子任务 1　浇口套的建模

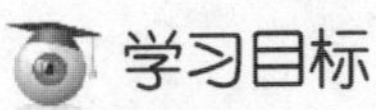

1）能学会快速修剪、尺寸约束及几何约束等命令。
2）能结合本任务及以前所学的命令完成建模。

建议学时　8 学时。

【学习准备】

引导问题　在模具零件设计中，常常会遇到许多对称零件，如顶尖、浇口套和复位杆等。那么在 UG 软件中，有没有特定的命令可以快速完成对称图形的创建？

一、生活中的回转体

小时候我们玩过一种叫“翻花”的玩具（图 2-1），它能用五颜六色的彩带任意回转从而作出许多漂亮的图形。旋转特征的创建与翻花类似，它的两个基本要素分别是回转截面与回转轴，当我们确定了回转截面的形状与回转轴的位置时，就可以创建出所需特征。

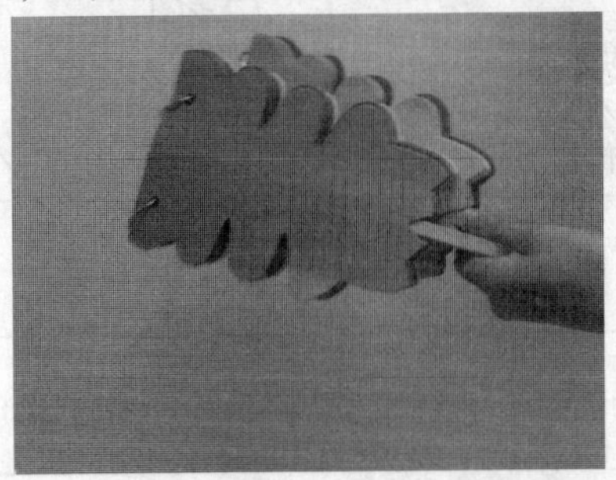

图 2-1　类似回转体的玩具“翻花”

（1）回转截面。回转体截面形状就是回转截面，如图 2-2 所示为翻花的回转截面。

（2）回转轴　回转轴是回转截面在旋转时所绕的轴，如图 2-3 所示为翻花的回转轴。

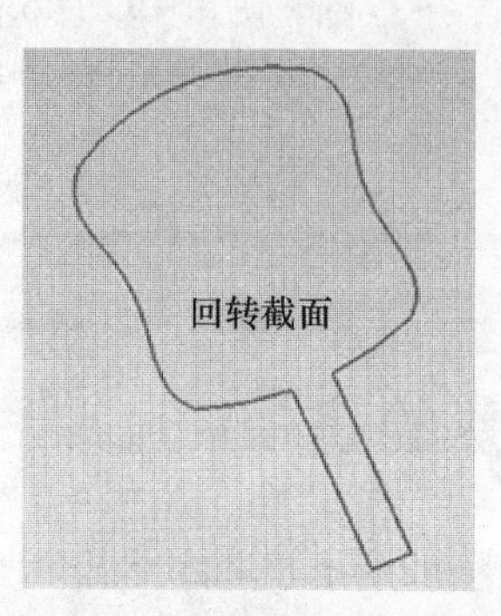

图 2-2　翻花的回转截面

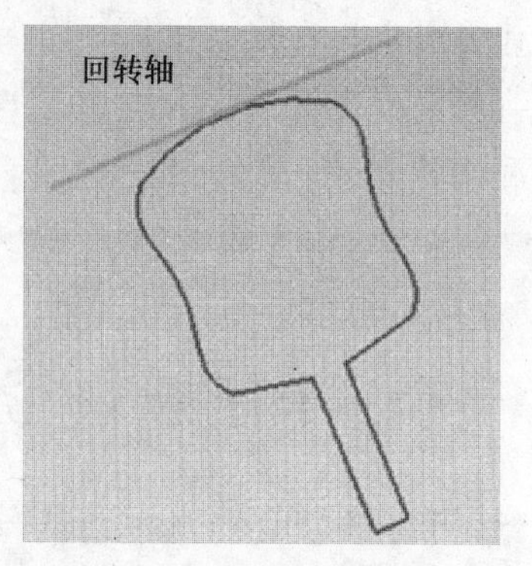

图 2-3　翻花的回转轴

从图 2-2 可以看出，回转截面的差异决定了回转体的外形。

1）分别在实物图中指出回转截面和回转轴____。

2）除了翻花，还有哪些生活中的例子是由回转体构成的____。

二、分析图样

分析图 2-4 所示浇口套零件分析图，可获得以下参数信息。

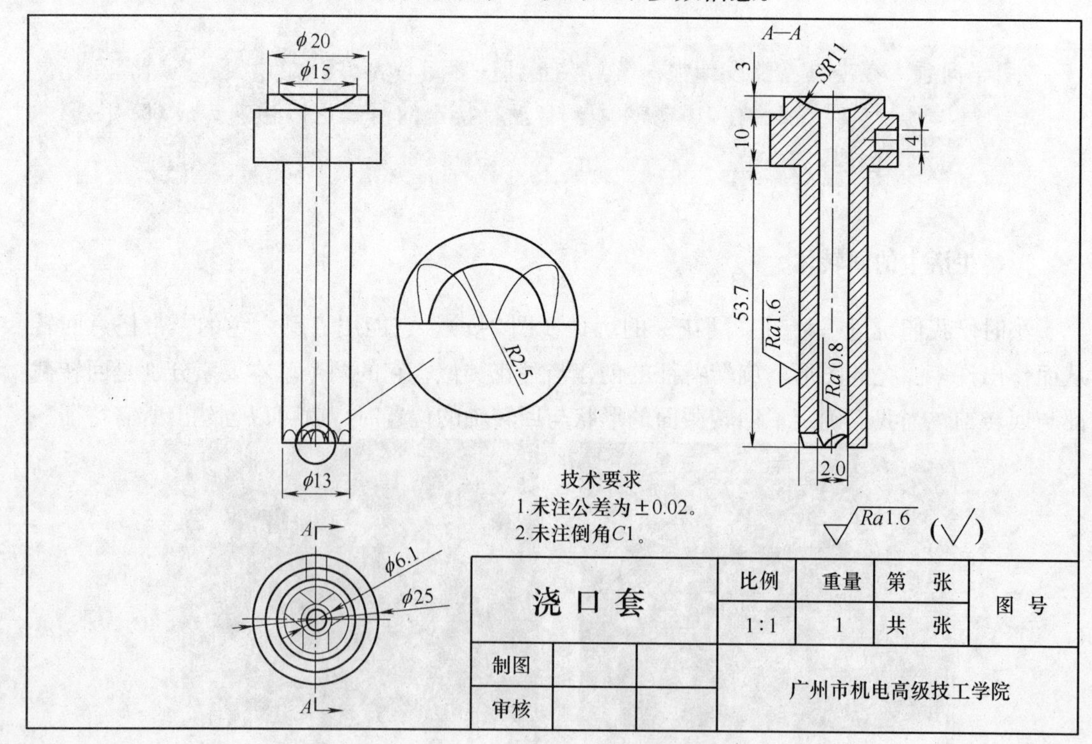

图 2-4　浇口套零件图

1）浇口套的外形尺寸：沉头外径________、总长度________、流道角度________。

2）图样分析：浇口套沉头处的倒角为________，浇口套长度的公差为________。

引导问题　我们已经知道创建回转体需要两个重要参数：回转截面和回转轴。那么在使用软件创建回转体时，都需要用到哪些命令？

三、创建回转体的命令

1. 绘制矩形

在UG草绘中可用三种方法绘制矩形，下面以最常用的两点法为例，讲解矩形的创建过程。

1）选择下拉菜单中的 插入(S) → 曲线(C) → 矩形(R)... 命令（或单击工具栏中的【矩形】按钮），系统弹出如图2-5所示的【矩形】工具条。

2）选择方法。单击【用两点】按钮。

3）定义第一个角点。在绘图区单击鼠标左键，确定第一个角点。

4）定义第二个角点。在图形区中的另一位置单击鼠标左键（或通过动态输入框输入数值），确定另一个角点。

5）单击鼠标中键，结束矩形的创建。

2. 快速修剪

快速修剪是以任一方向将曲线修剪至最近的交点或选定的边界的工具，方法如下：

1）选择命令。单击下拉菜单中的 编辑(E) → 曲线(V) → 快速延伸(X)... 命令，或使用快捷键【T】，弹出如图2-6所示窗口。

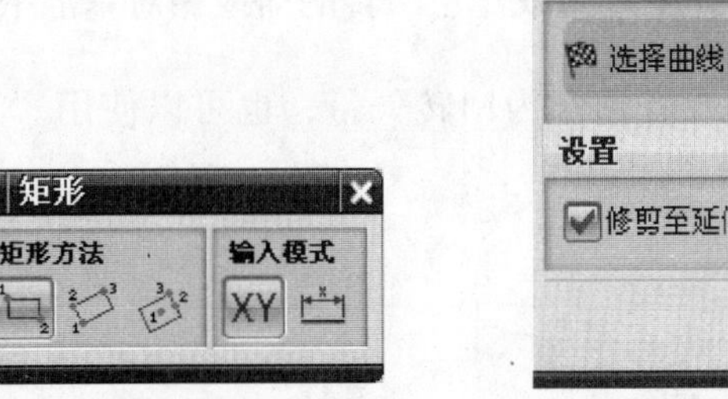

图2-5　【矩形】工具条

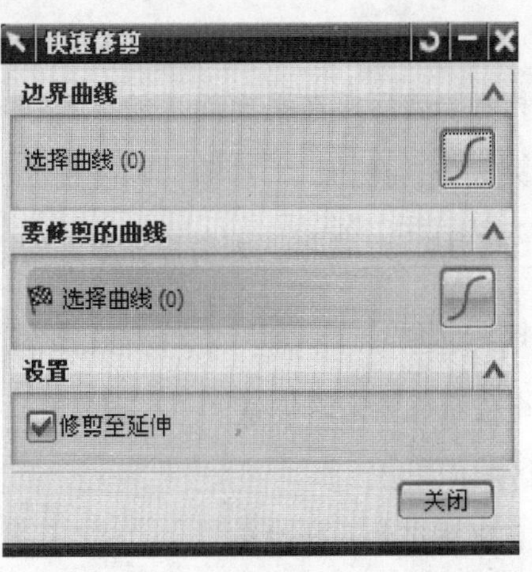

图2-6　【快速修剪】对话框

2）依次选择要修剪的曲线并将其打断，完成修剪过程，如图 2-7 所示。

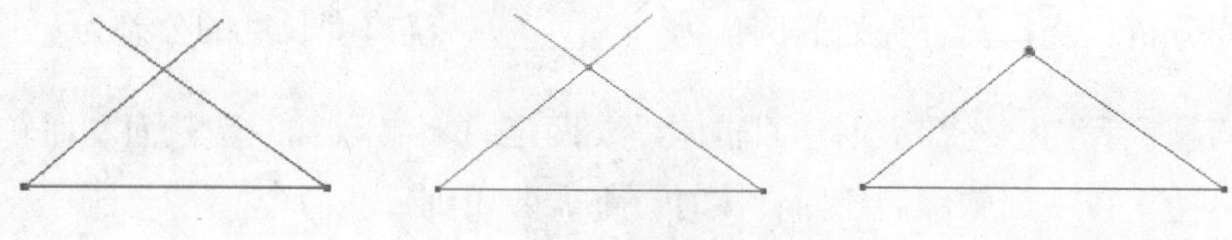

图 2-7　曲线修剪过程

四、回转特征的创建

1. 回转命令的介绍

回转是将截面绕着一条中心轴线旋转而形成的特征，如图 2-8 所示。

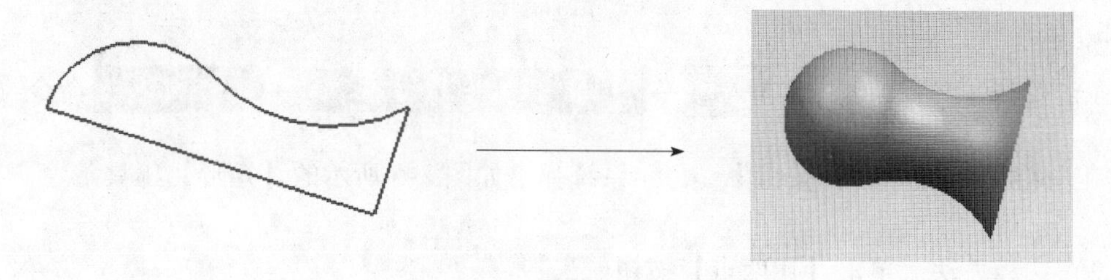

图 2-8　回转命令

选择下拉菜单中的 插入(S) → 设计特征(E) → 回转(R)... 命令（或单击 按钮），弹出【回转】对话框，如图 2-9 所示，其中各选项的功能说明如下：

（选择截面）：选择已有的草图或几何体边缘作为回转特征的截面。

（绘制截面）：创建一个新草图作为回转特征的截面。完成草图并退出草图环境后，系统自动选择该草图作为回转特征的截面。

限制 区域：包括 开始 和 结束 两个下拉列表及位于其下的 角度 文本框。

开始 下拉列表：用于设置回转的类型，角度 文本框用于设置回转的起始角度，其值的大小是相对于截面所在平面而言的，其方向以与回转轴成右手定则的方向为准。在 开始 下拉列表中选择 值 选项，则需设置起始角度和终止角度；在 开始 下拉列表中选择 直至选定对象 选项，则需选择要开始或停止回转的面或相对基准平面。

按钮：也有的可以选取直线或者轴作为回转矢量，也可以使用“矢量构造器”方式构造一个矢量作为回转矢量。

布尔 区域：____。

2. 创建回转特征的一般过程

创建回转特征一般可分为以下几个步骤。

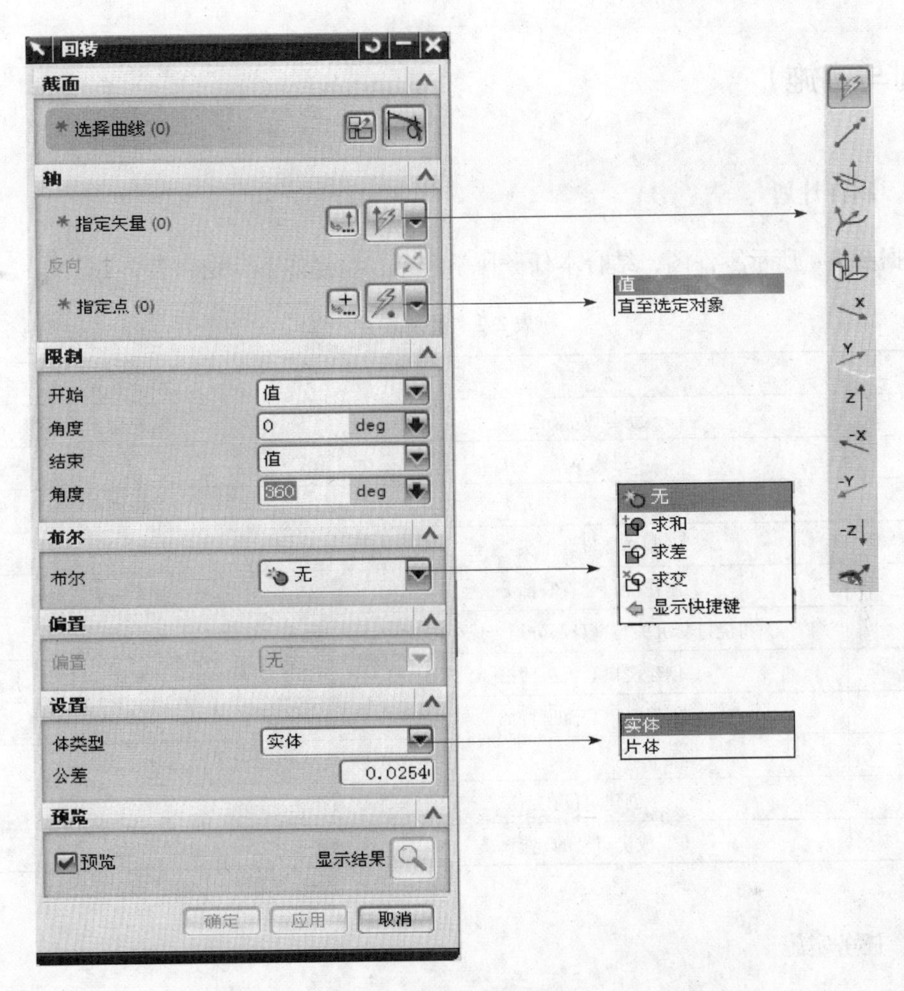

图 2-9 【回转】对话框

第一步：选择命令。选择 插入(S) → 设计特征(E) → 回转(R)... 命令，弹出【回转】对话框。

第二步：定义回转截面。单击 按钮，选取如图 2-10 所示的曲线为回转截面，单击鼠标中键（MB2）确认。

第三步：定义回转轴。单击 * 指定矢量 (0) 并选中基准直线为回转轴（图 2-11），然后单击对话框中的 确定 按钮完成回转操作。

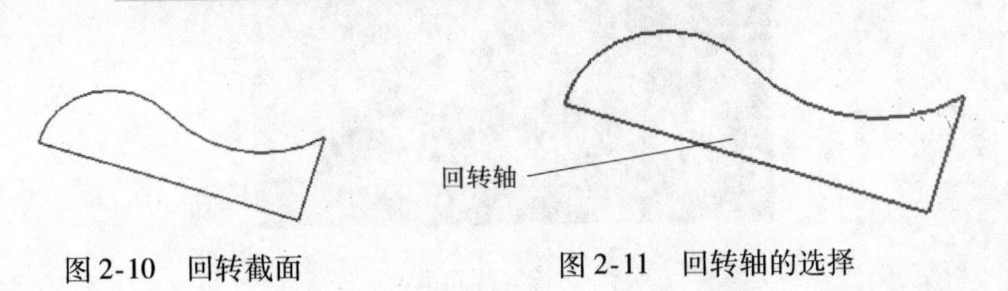

图 2-10 回转截面

图 2-11 回转轴的选择

【计划与实施】

一、制订计划

根据图 2-4 所示零件图，结合本任务所学命令，制订如下计划，表 2-1。

表 2-1　计划表

序　号	内　容	命令名称
1	新建 UG 文档	新建命令
2	进入草绘	
3		矩形
4	制作浇口套沉头	
5	制作浇口套直身部分	矩形、尺寸约束、回转
6	将浇口套沉头与直身部分组合成一体	
7	创建浇口套沉头凹槽	尺寸约束、三点圆、回转、求差
8	创建浇口套流道特征	
9		拉伸、求差
10	创建定位孔	
11	完成浇口套的建模	保存

二、任务实施

根据图样及计划，逐步进行操作，最终完成浇口套的建模，如图 2-12 所示，其步骤如下：

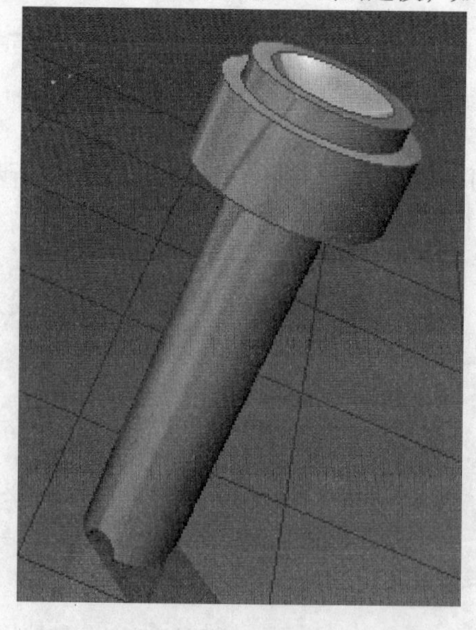

图 2-12　浇口套

步骤一：新建一个模型进入绘图界面，如图 2-13 所示。

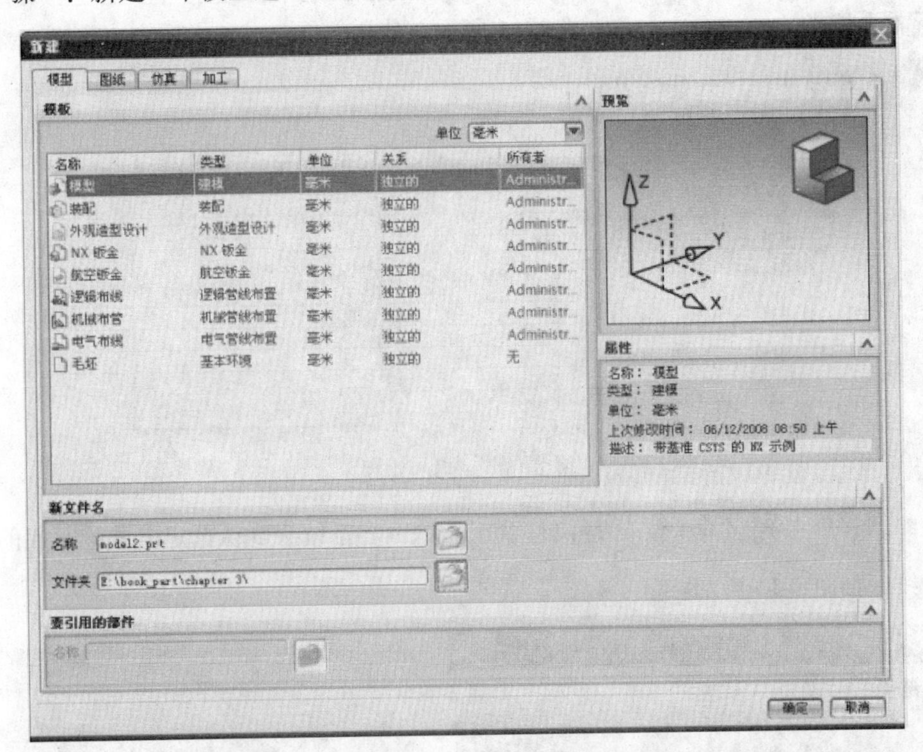

图 2-13　新建界面

步骤二：选择下拉菜单 插入(S) 中的【草图】命令或单击【草图】按钮 ，并选择合适的坐标系（XC-YC），进入【创建草图】对话框，如图 2-14 所示。

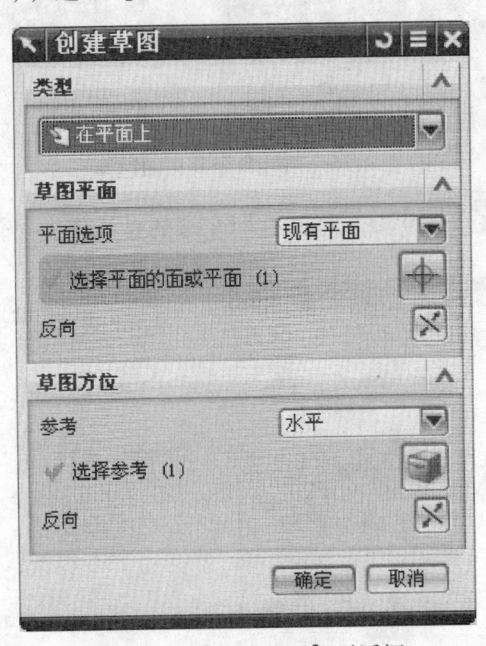

图 2-14　【创建草图】对话框

步骤三：进入草图界面，单击矩形命令：________________________，并依次输入所需边长值__________，如图 2-15 所示，使用__________后完成草图，然后单击 完成草图 按钮进入建模界面。

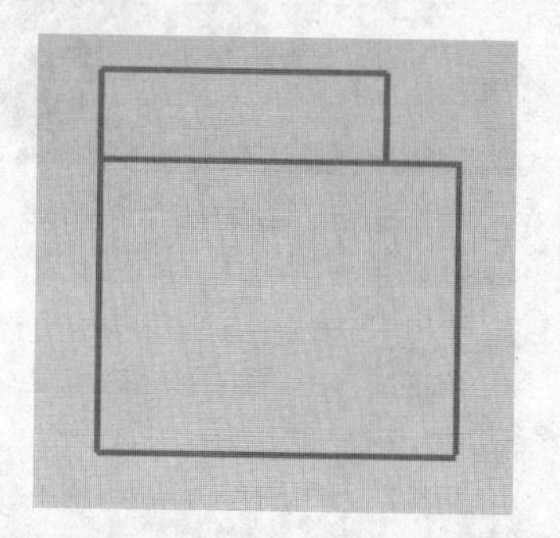
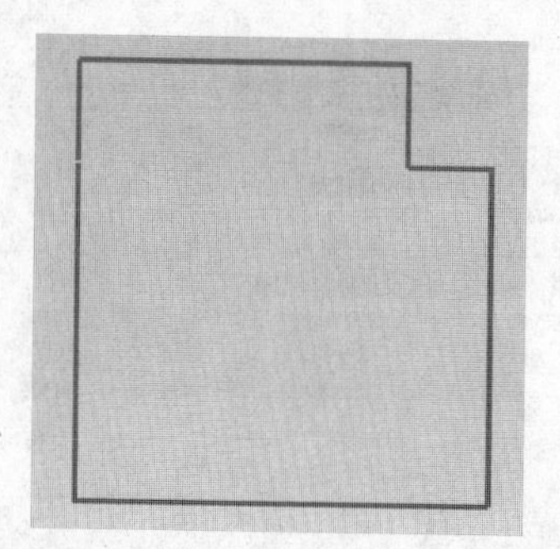

图 2-15 图形的修改

步骤四：单击 命令，选择浇口套沉头截面，系统会默认选定组成该截面的 7 条封闭曲线，如图 2-16 所示。

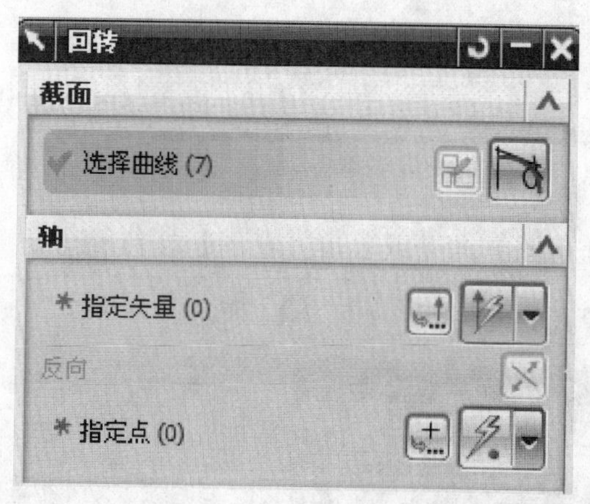

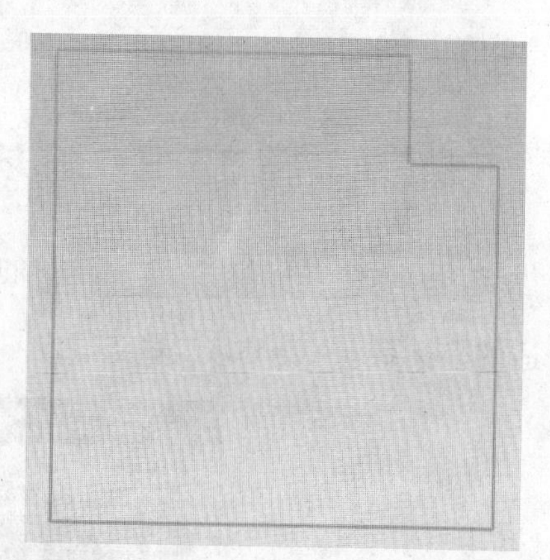

图 2-16 回转命令及截面选择

再单击 * 指定矢量 (0) 按钮并选择该截面左端的直线作为回转轴，如图 2-17 所示。

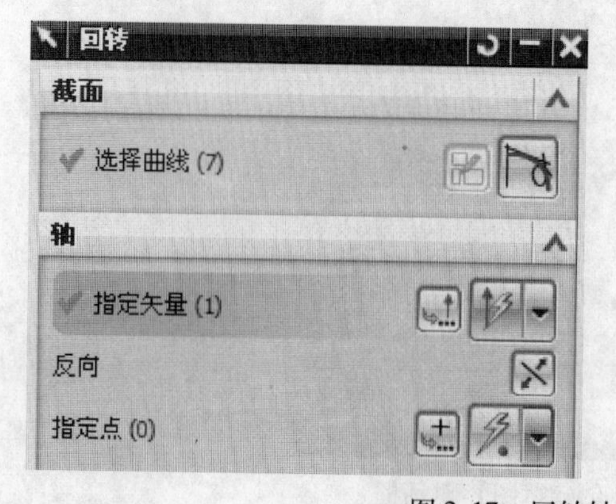

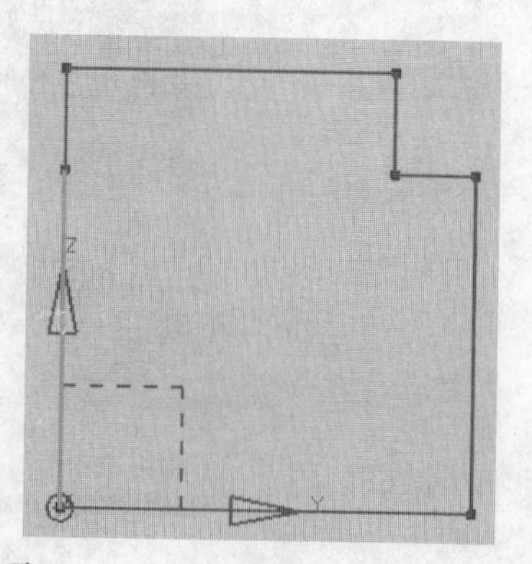

图 2-17 回转轴的选取

显示预览效果如图 2-18 所示，单击 确定 按钮完成浇口套沉头的建模。

步骤五：浇口套直身部分的建模。所需命令为 、 及 。

根据前面所学知识，请同学们自行完成浇口套直身部分的建模，完成后如图 2-19 所示。

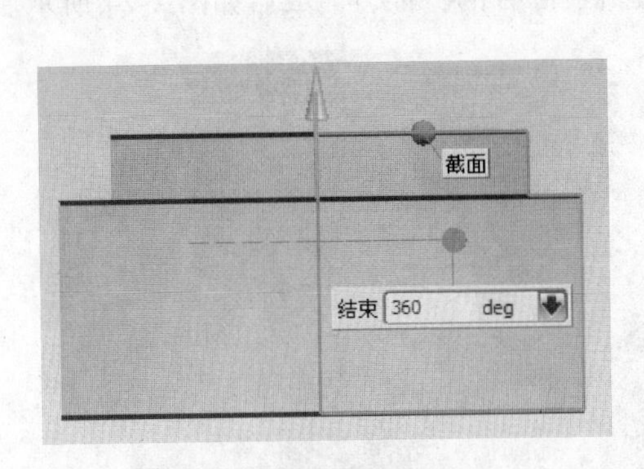

图 2-18　创建沉头

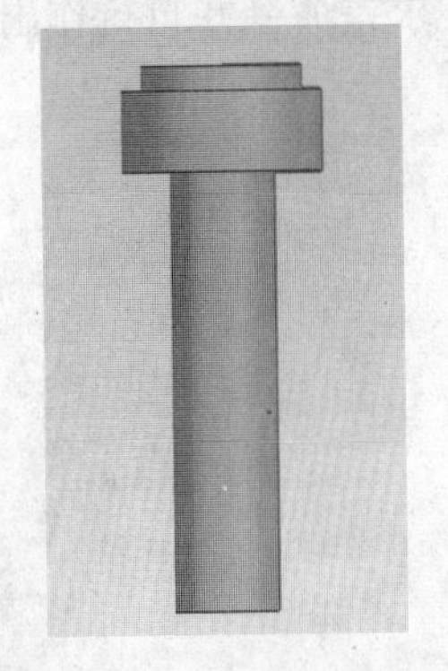

图 2-19　浇口套直身部分

步骤六：求和。单击 命令并依次选择浇口套沉头与直身部分，将这两个实体特征合并成为一个整体。

思考问题： 若不在此处使用求和命令，对后续操作有何影响？

步骤七：创建浇口套沉头凹槽。使用快捷键________将浇口套隐藏，并选择浇口套截面所在的平面进行草绘。依次使用尺寸约束和三点圆命令作出如图 2-20 所示图形。

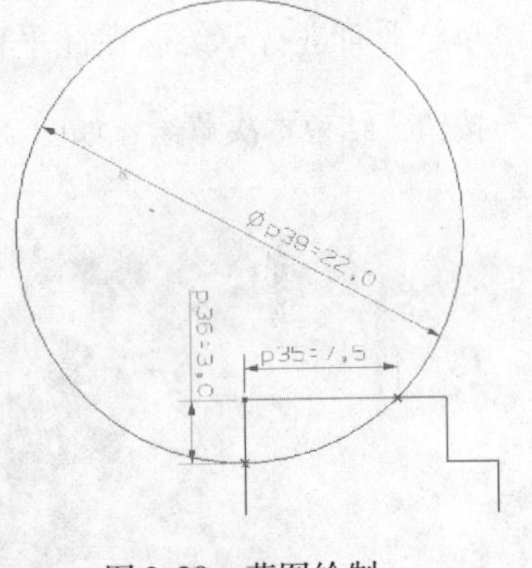

图 2-20　草图绘制

使用 __________命令，对草绘中的多余曲线进行修剪，得到如图 2-21 所示效果并单击 完成草图 按钮完成草绘，进入建模界面。

按步骤四的方法将本次绘制的曲线进行回转，创建如图 2-22 所示的回转体。

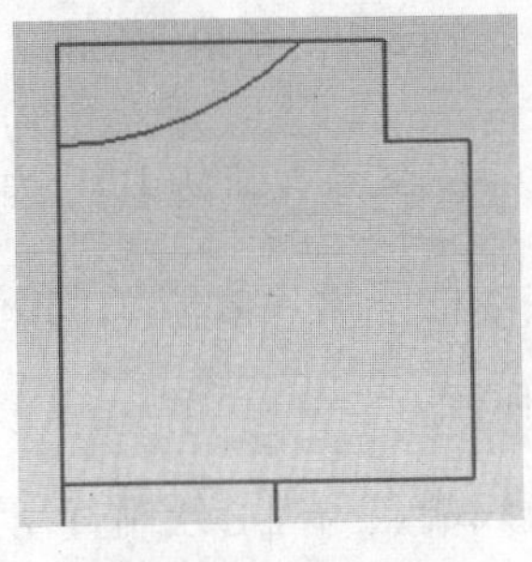

图 2-21　修剪曲线

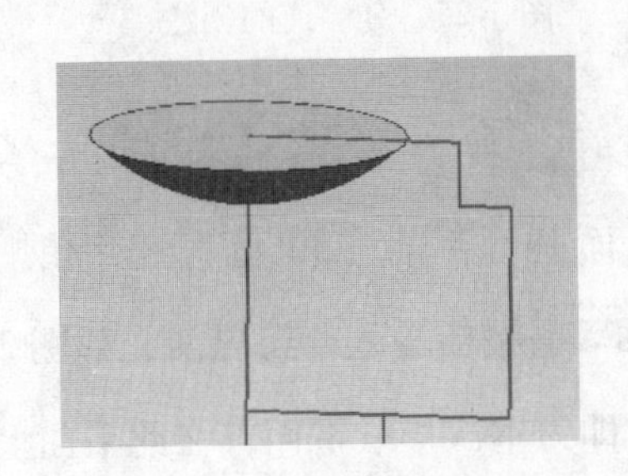

图 2-22　创建回转体

使用快捷键＿＿＿＿＿＿＿显示所有特征，并单击 按钮创建浇口套凹槽部分的特征，完成后如图 2-23 所示。

步骤八：创建浇口套流道特征。根据步骤七的操作，请同学们依次使用直线、尺寸约束、回转、求差命令并自行作出浇口套流道部分的特征，完成后如图 2-24 所示。

图 2-23　布尔运算“求差”

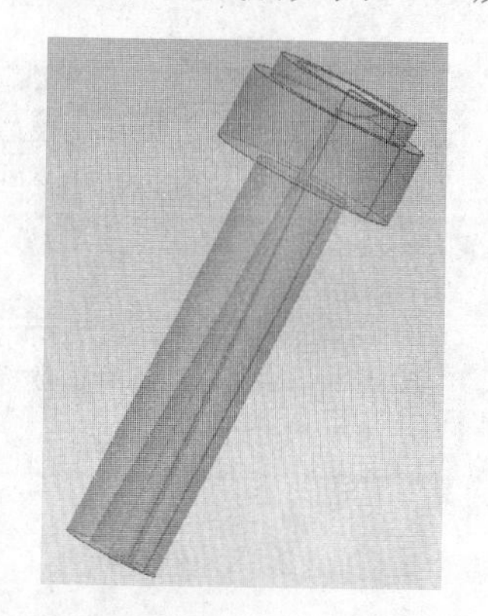

图 2-24　创建浇口套流道部分

步骤九：浇口套底面分流道的建模（图 2-25）。单击 命令并选择浇口套底面作为草绘平面进行草绘。在此平面上绘制一条与 X 轴成 30°角的直线，并单击 完成草图 按钮，结束本次草绘，如图 2-26 所示。

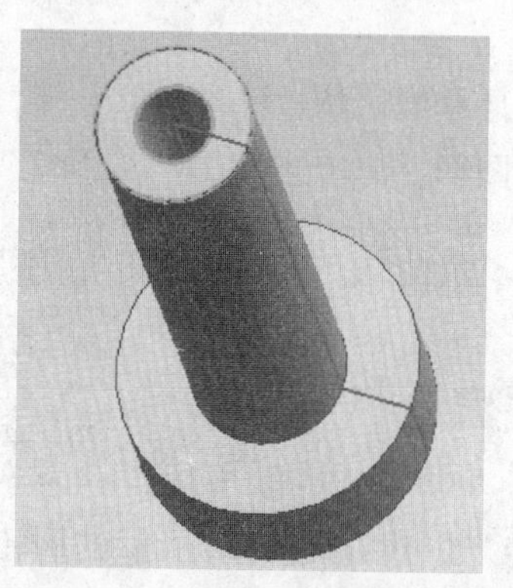

图 2-25　分流道的创建

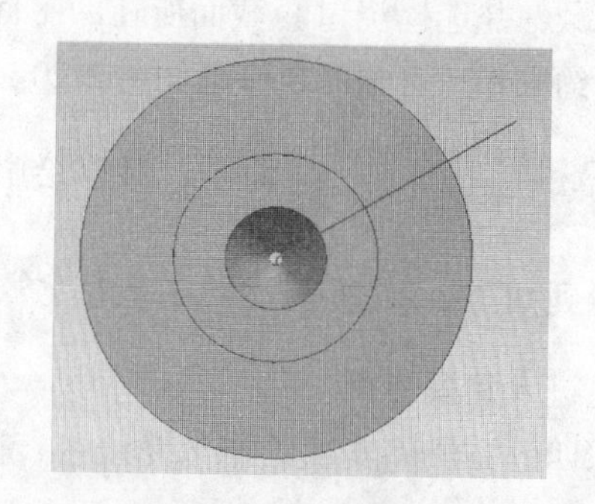

图 2-26　绘制分流道

再次单击 命令，并在【类型】下拉菜单中选择【在轨迹上】，如图 2-27 所示。

选择此平面上与 X 轴成 30°的直线并在弧长文本框下输入数值 0，其他参数保持默认值。单击 确定 按钮进入草绘界面，如图 2-28 所示。

红色框体即为本次草绘平面，在此平面上以直线端点为圆心绘制直径为＿＿＿＿＿＿＿的圆，然后单击 完成草图 按钮结束本次草绘。

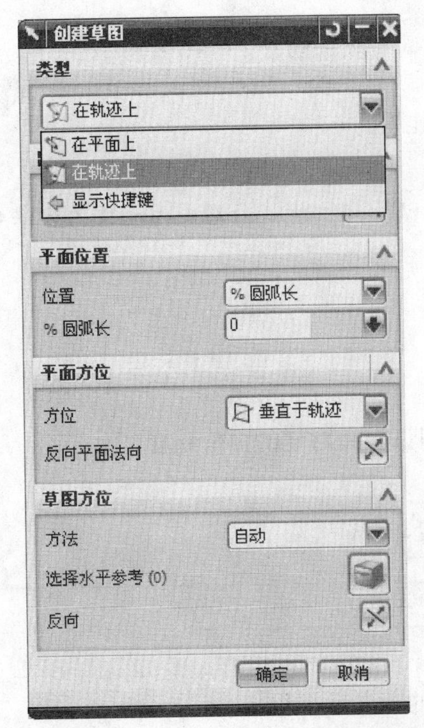

图 2-27　草图绘制面的类型选择

然后使用拉伸命令作出圆柱形并用 完成一处分流道的建模。重复上述步骤，直到作出夹角为 120°的三处流道，如图 2-29 所示。

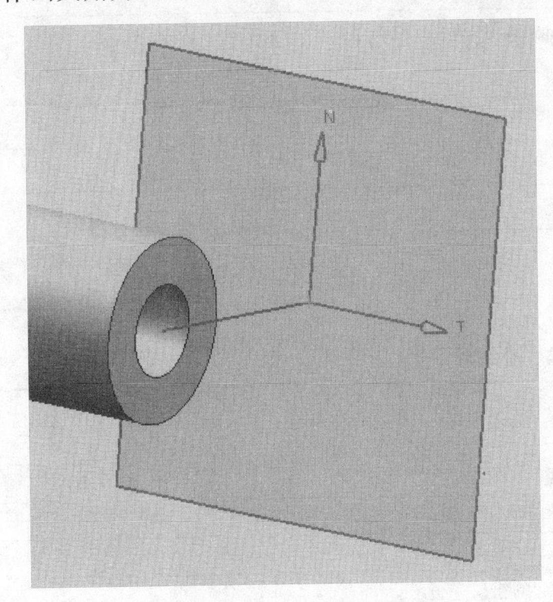

图 2-28　进入绘制面

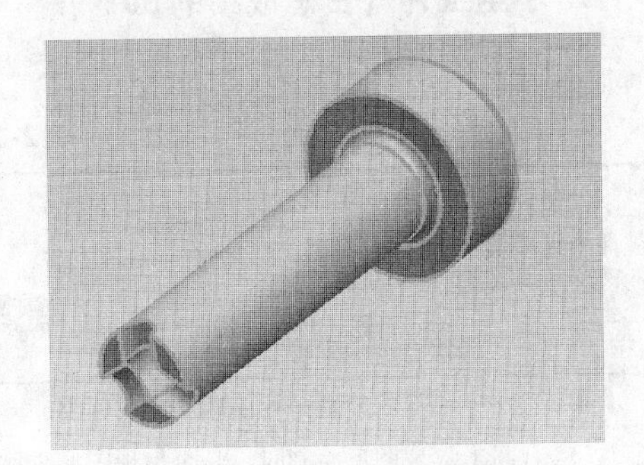

图 2-29　完成分流道的创建

步骤十：定位销孔的创建。请同学们参考学习任务一　子活动 2 的任务实施中的 7）并使用 命令在 2D 图样相应位置作出该特征。

思考问题： 定位孔与三处分流道的位置关系需要统一吗？

步骤十一：单击 按钮完成本次浇口套的建模。

思考问题： 本次浇口套的建模有哪些地方可以简化？请试着用更为简便的方法创建浇口套的建模。

【评价与反馈】

根据建模情况及学员接受能力等实际情况，制订有针对性的评价制度。

1. 自我评价（占总成绩的20%）

1）回转类零件与拉伸类零件在建模时有哪些共同点？

评价情况：____

____

____

2）在创建回转特征时，回转截面与图形截面的含义是否相同？

评价情况：____

3）是否能在规定时间内完成浇口套的建模？

评价情况：____

____

4）通过对拉伸的了解，请说出说明哪些零件适合拉伸，哪些零件适合回转？

评价情况：____

____

____

签名：__________　　______年______月______日

2. 小组互评（占总成绩的30%）

进行互评并填写小组互评表，见表2-2。

表2-2　小组互评表

被评小组名称：		
被评小组成员：		
序号	评价项目	评价（1~25）
1	对命令的掌握是否牢固	
2	制订的计划是否能顺利完成建模	
3	完成图形绘制时，是否出现图形或尺寸的错误	
4	是否能在规定时间内完成工作任务	
合计		

参与评价的同学签名：__________　　______年______月______日

3. 教师评价（占总成绩的50%）

在教师引导下根据表现由小组进行评价，再由指导教师给出考核结果，并填写表2-3。

表 2-3　考核结果表（教师填写）

单位名称	广州市机电技师学院	班级学号		姓名		成绩	
		图样编号		图样名称			
序号	评价项目	考核内容		所占比率（%）		得分	
1	识读零件的三视图	零件图的识读		15			
2	完成习题情况	本任务的学习内容		25			
3	命令的掌握程度	考验学生对本任务学习的命令的掌握程度		25			
4	零件图的绘制是否正确	参照绘制的零件图检查本次学习任务的完成情况		20			
5	团队协作精神	能与小组成员和谐相处，互相学习，互相帮助，不一意孤行（团队合作精神）		15			
合计				100			

教师签名：＿＿＿＿＿　　＿＿＿年＿＿＿月＿＿＿日

子任务2　快接头的建模

学习目标

1）能学会基准轴的创建。

2）能结合本章节及以前所学命令，完成建模。

建议学时　4学时。

【学习准备】

引导问题　通过上一任务的学习，我们知道柱状或轴类物体可以用回转命令来进行建模。那么是否所有零件的截面曲线与回转轴的绘制方式都一致？

通过观察浇口套与快接头的2D图回答下列问题。

1）浇口套与快接头在外形和特点上有哪些共同点。

2）快接头的建模是否具备回转截面与回转轴的特性？

____

3）以你对回转命令的了解，你认为快接头的回转轴在截面曲线上吗？

____

一、分析图样

分析图 2-30 所示快接头零件图，可获得以下参数信息。

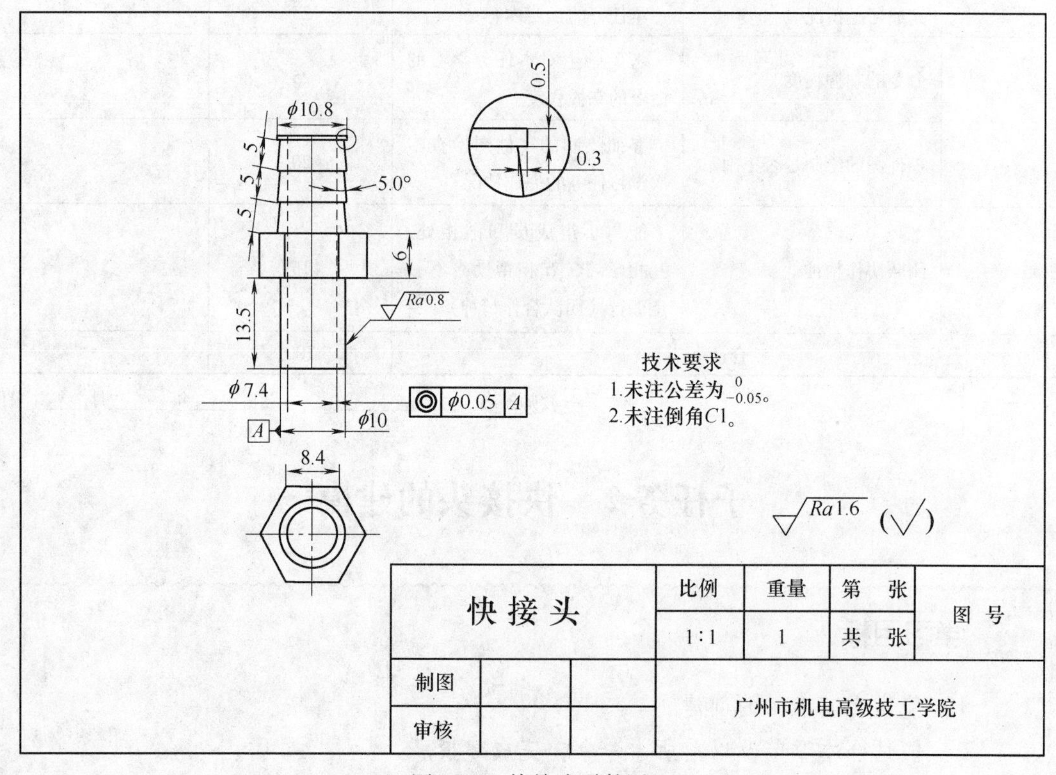

图 2-30　快接头零件图

1. 快接头的尺寸：工作部分长度____________，半径____________。
2. $^{0}_{-0.05}$ 表示：____________。

引导问题　通过本任务的学习，我们知道快接头同样需要回转截面和回转轴两个重要参数组成，但它与浇口套不同的是快接头的回转轴不在回转截面上，从而需要创建新的回转轴。

二、基准轴的创建

通过上一任务的学习我们知道在选定回转轴时可以另行创建指定矢量，如图 2-31 所示。

在【回转】对话框中单击按钮，弹出如图 2-32 所示的【矢量】对话框，其中包含的常用的创建基准轴的命令如下：

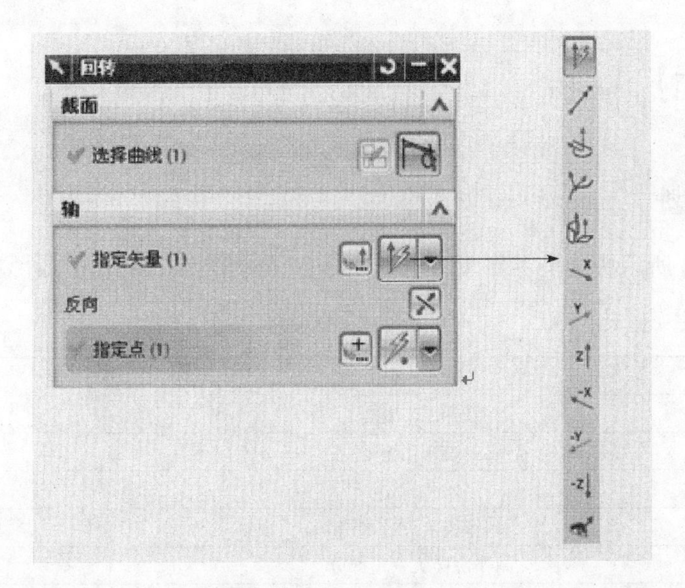

图 2-31　【回转】对话框

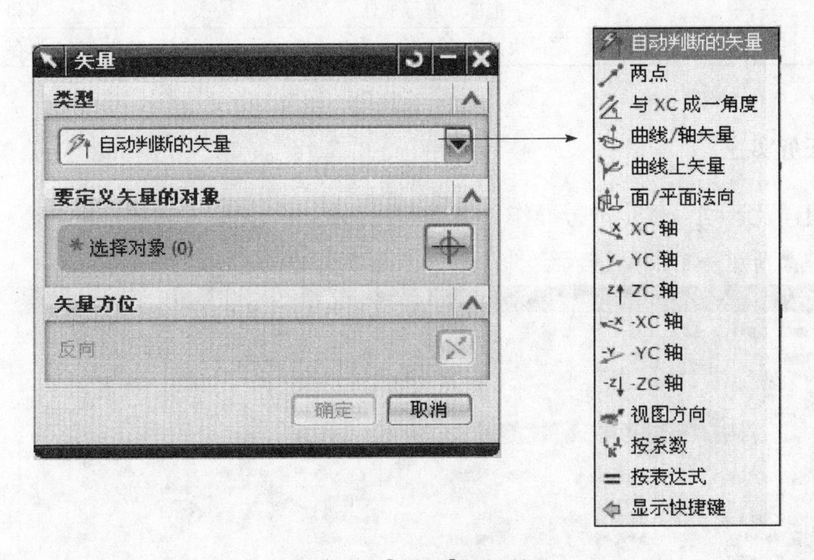

图 2-32　【矢量】对话框

自动判断的矢量：可以根据选取的截面自动判断所定义矢量的类型。

当确定空间两点且矢量方向为第一点指向第二点时，可以选择________。

与 XC 成一角度：________

曲线/轴矢量：通过选取曲线上某点的切向矢量来创建一个矢量。

面/平面法向：用于创建与实体表面（必须是平面）法线或圆柱面的轴线平行的矢量。当所需轴与当前视图方向一致时，可选用________

按系数：________

【计划与实施】

一、制订计划

根据图2-30所示快接头零件图，结合本任务所学命令，制订如下计划，见表2-4。

表2-4 计划表

序 号	内 容	命令名称
1	新建UG文档	新建命令
2	进入草绘	
3		直线
4	制作快接头进水端	
5	制作快接头六角部分	直线、拉伸
6	制作快接头出水端	
7	将快接头三个部分进行整合	求和
8	完成快接头的建模	保存

二、任务实施

根据图样及计划，逐步进行操作，最终完成快接头的建模，具体步骤如下：

步骤一：新建一个模型进入绘图界面，如图2-33所示。

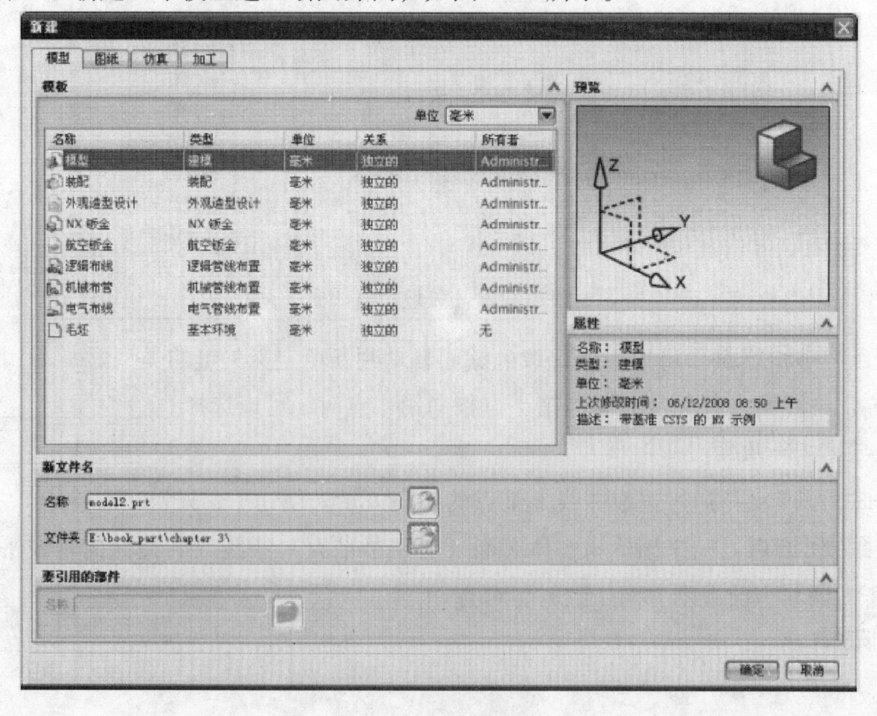

图2-33 【新建】对话框

步骤二：选择下拉菜单 插入(S) 中的【草图】命令或单击【草图】按钮，并选择合适的坐标系（XC－YC），进入草绘页面，如图2-34所示。

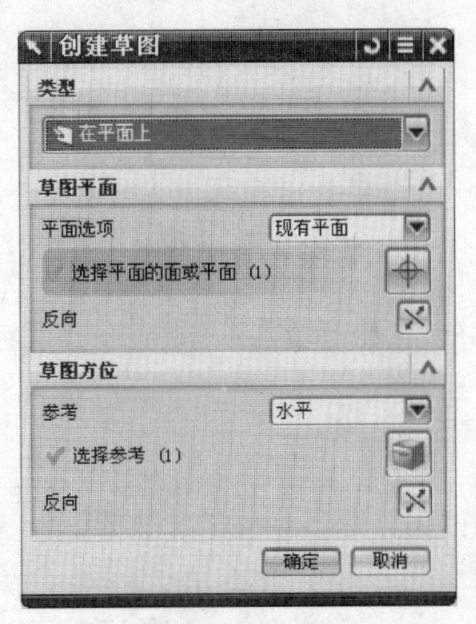

图2-34　草绘页面

步骤三：进入草图界面后，单击直线命令，________________________，如图2-35所示。

使用尺寸约束和几何约束命令使其达到2D图样的要求，并进行快速修剪，达到如图2-36所示效果。

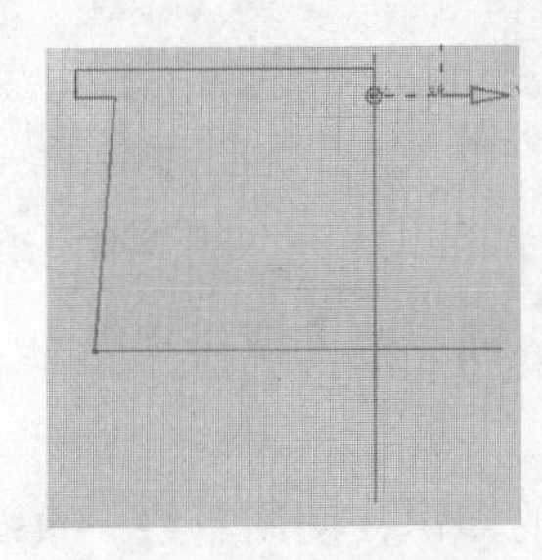

图2-35　直线的绘制

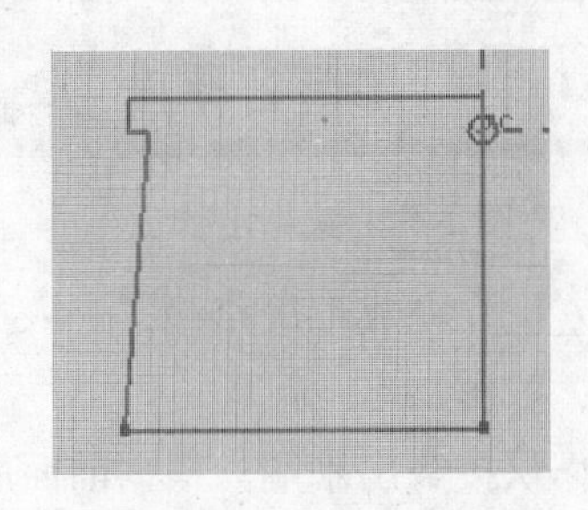

图2-36　曲线的修剪

将草图创建到此步骤时，我们发现快接头是中空物体，其界面形状并不是外观尺寸的一半。所以在完成上述步骤后，要根据其实际截面创建草绘图形。

根据2D图所示绘制一条直线，并用尺寸约束命令将该直线与回转轴（Y轴）的距离约束为3.8，完成后如图2-37所示。

然后________________________________，如图2-38所示，得到快接头回转截面图形。

单击 完成草图 按钮，结束本次草绘。

步骤四：使用回转命令创建快接头进水端。方法为____________________。完成快接头进水端第一节的制作后重复步骤三、四，完成整个进水端的建模，效果如图2-39所示。

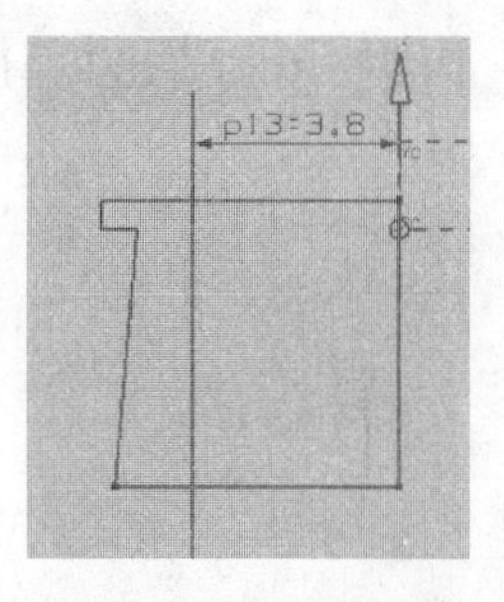

图 2-37　绘制辅助线

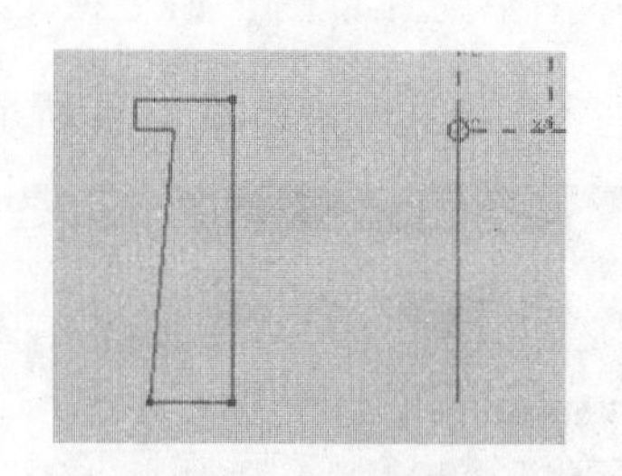

图 2-38　修剪曲线

图 2-39　回转实体

步骤五：快接头六角部分的建模。单击　　命令并选择快接头底面作为草绘平面进行拉伸，如图 2-40 所示。

进入草绘平面后使用__________、__________、__________命令绘制边长为__________的正六边形，并将其中点约束在坐标原点上，效果如图 2-41 所示。

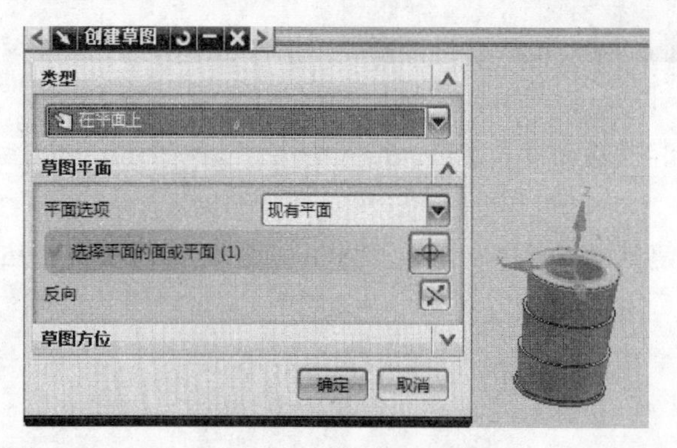

图 2-40　选择绘制面

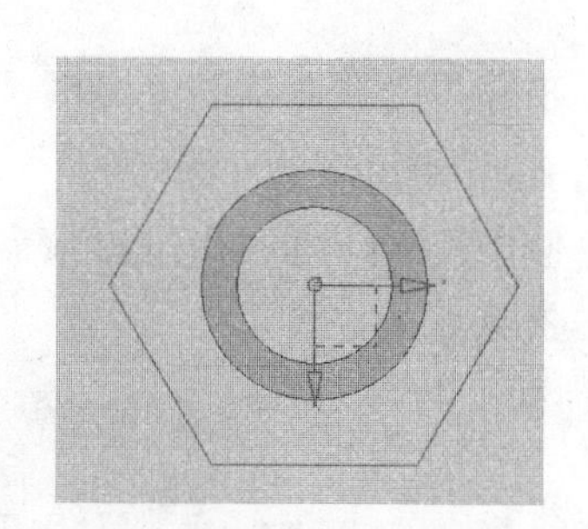

图 2-41　绘制六边形

单击__________完成本次草绘，进入拉伸界面，输入拉伸高度为__________，完成本次特征创建，如图 2-42 所示。

步骤六：制作快接头出水端。根据前面所学的知识，使用草绘、直线、尺寸约束、回转等命令，完成快接头出水端的建模，如图 2-43 所示。

图 2-42　拉伸六边形

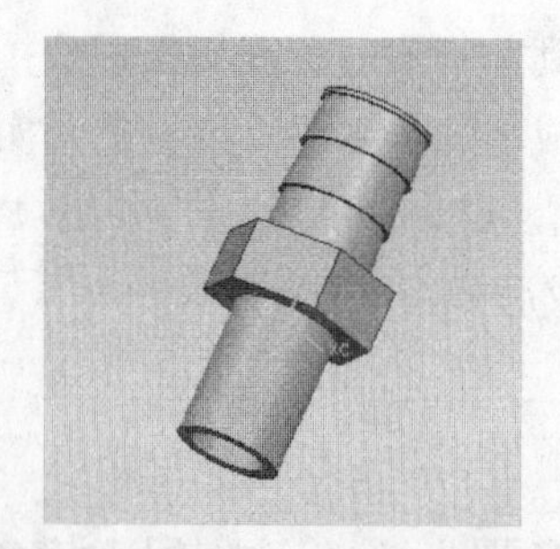

图 2-43　快接头出水端的创建

思考问题： 思考步骤六所创建的特征，用拉伸创建是否更方便？并说说拉伸和回转各自的优点及缺点。

步骤七：使用 按钮一次选择＿＿＿＿＿＿、＿＿＿＿＿＿、＿＿＿＿＿＿，将本次任务创建的几个特征组合到一起，变成一个完整的特征。

【评价与反馈】

根据建模情况及学员接受能力等实际情况，制订有针对性的评价制度。

1. 自我评价（占总成绩的20%）

1）通过对本任务的学习，你认为该零件能否用拉伸命令完成？

评价情况：＿＿＿＿＿＿＿＿＿＿＿＿＿＿＿＿＿＿＿＿

2）在本次快接头建模的过程中，遇到了什么问题？你是怎么解决的？

评价情况：＿＿＿＿＿＿＿＿＿＿＿＿＿＿＿＿＿＿＿＿

3）能否在规定时间内完成本任务的建模？

评价情况：＿＿＿＿＿＿＿＿＿＿＿＿＿＿＿＿＿＿＿＿

4）能否用更为简便的方法完成快接头的建模？

评价情况：＿＿＿＿＿＿＿＿＿＿＿＿＿＿＿＿＿＿＿＿

签名：＿＿＿＿＿＿　　＿＿＿年＿＿＿月＿＿＿日

2. 小组互评（占总成绩的30%）

进行互评并填写小组互评表，见表2-5。

表2-5　小组互评表

被评小组名称：		
被评小组成员：		
序号	评价项目	评价（1～25）
1	对命令的掌握是否牢固	
2	制订的计划是否能顺利完成建模	
3	完成图形绘制时，是否出现图形或尺寸的错误	
4	是否能在规定时间内完成工作任务	
合计		

参与评价的同学签名：＿＿＿＿＿＿　　＿＿＿年＿＿＿月＿＿＿日

3. 教师评价（占总成绩的50%）

在教师引导下根据表现由小组进行评价，再由指导教师给出考核结果，并填写表2-6。

表 2-6　考核结果表（教师填写）

<table>
<tr><td rowspan="2">单位名称</td><td rowspan="2">广州市机电技师学院</td><td>班级学号</td><td></td><td>姓名</td><td></td><td>成绩</td><td></td></tr>
<tr><td>图样编号</td><td></td><td>图样名称</td><td colspan="3"></td></tr>
<tr><td>序号</td><td>评价项目</td><td colspan="2">考核内容</td><td colspan="2">所占比率（%）</td><td colspan="2">得分</td></tr>
<tr><td>1</td><td>识读零件的三视图</td><td colspan="2">零件图的识读</td><td colspan="2">15</td><td colspan="2"></td></tr>
<tr><td>2</td><td>完成习题情况</td><td colspan="2">本任务的学习内容</td><td colspan="2">25</td><td colspan="2"></td></tr>
<tr><td>3</td><td>命令的掌握程度</td><td colspan="2">考验学生对本任务学习的命令的掌握程度</td><td colspan="2">25</td><td colspan="2"></td></tr>
<tr><td>4</td><td>零件图的绘制是否正确</td><td colspan="2">参照绘制的零件图检查本次学习任务的完成情况</td><td colspan="2">20</td><td colspan="2"></td></tr>
<tr><td>5</td><td>团队协作精神</td><td colspan="2">能与小组成员和谐相处，互相学习，互相帮助，不一意孤行（团队合作精神）</td><td colspan="2">15</td><td colspan="2"></td></tr>
<tr><td colspan="4">合计</td><td colspan="2">100</td><td colspan="2"></td></tr>
</table>

教师签名：__________　　　______年______月______日

学习任务三　弹簧的建模

学习目标

完成本学习任务后，应当具备以下技能。

1）能通过查阅资料或者观看教学视频创建基准轴和基准面。

2）能通过查阅资料或者观看教学视频创建扫掠特征。

3）能通过查阅资料或者观看教学视频创建管道特征。

4）会使用移除参数。

5）会使用螺旋线命令。

6）能使用布尔运算求交。

7）能创建渐变扫掠。

8）能在教师的指导下完成弹簧的建模。

9）能独立或以小组工作的方式完成模芯的建模。

建议学时　12学时。

内容结构

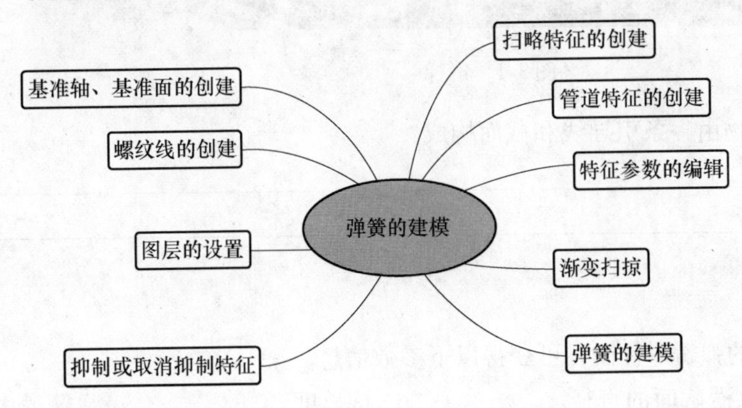

任务描述

某模具设计公司委托我校完成简单零件建模任务，要求使用 UGNX6.0 软件进行建模。根据图样绘制弹簧、模芯的三维模型，工时为两天，尺寸需严格按照图样要求。任务完成后，提交 UG 零件模型图。

【学习准备】

引导问题 弹簧在模具中常常有使零件复位的作用。在 UG 软件中，是否可以快速创建出弹簧？使用的特征是什么？

一、生活中的扫掠特征

扫掠特征是用规定的方法沿一条空间的路径移动一条曲线而产生的体。移动曲线称为截面线串，其路径称为引导线串。类似于生活中的滑梯（图 3-1），滑梯的本体就是引导线，曲曲折折，而在滑梯上玩耍的人则为这条引导曲线运动的扫掠截面。

图 3-1 滑梯

生活中还有哪些实物由一条引导线和截面构成？

____

____。

二、分析图样

分析如图 3-2 所示的弹簧零件图，可获得以下参数信息。

1）弹簧尺寸：扫掠横截面的直径__________；总长度__________；弹簧最大外径__________；工作部分的圈数__________；螺距是__________。

2）弹簧零件图中未注的尺寸公差是__________。

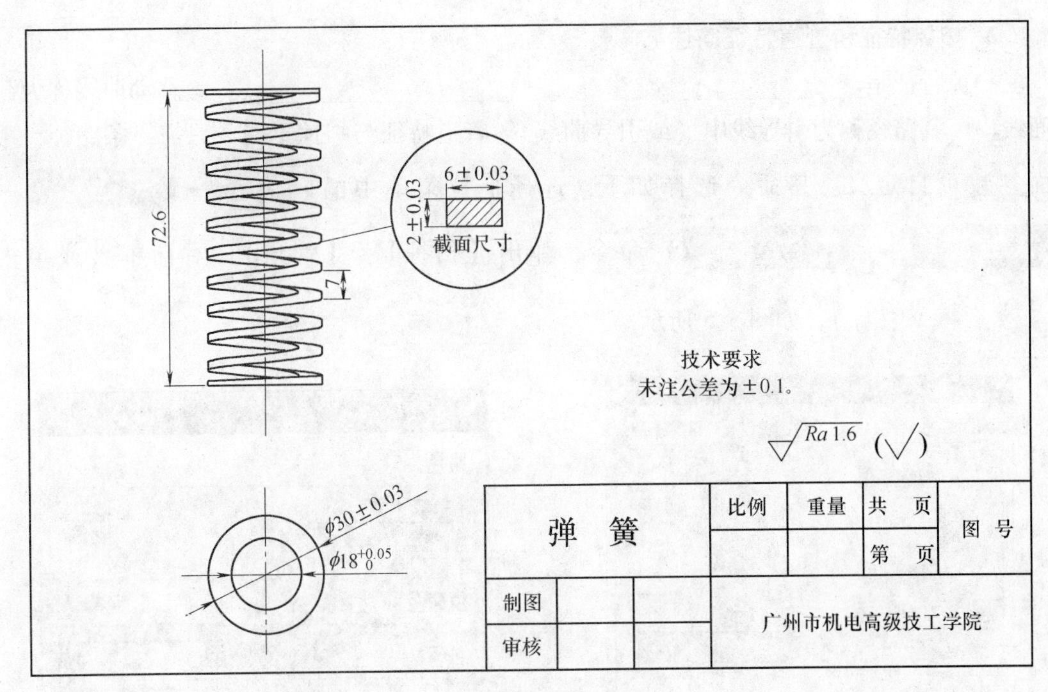

图 3-2　弹簧零件图

三、创建弹簧的相关命令

1. 螺纹线的创建

创建具有指定圈数、螺距、弧度、旋转方向和方位的螺旋线，可选择下拉菜单中的 插入(S) → 曲线(C) → 螺旋线(X)... 命令（或单击按钮），弹出如图 3-3 所示的【螺纹线】对话框，按所需参数设定螺纹线的大小、输入圈数、螺距及螺旋线的半径，完毕后单击 确定 按钮，完成螺纹线的绘制，如图 3-4 所示。

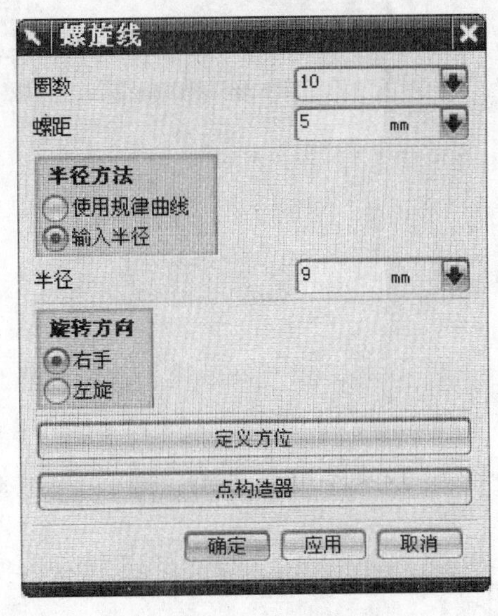

图 3-3　【螺旋线】对话框

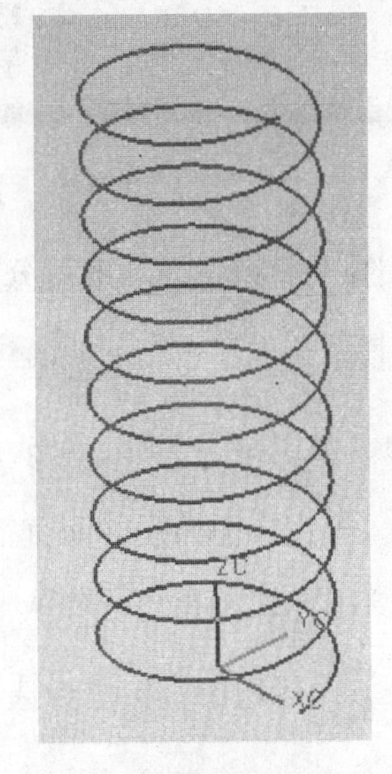

图 3-4　创建螺纹线

2. 扫掠特征和管道特征简述

扫掠特征是________________________。移动曲线称为截面线串，其路径称为引导线串（或引导曲线）。管道特征与扫掠不同，只需一条路径，截面参数可自定义。其命令选择如下：选择下拉菜单中的 插入(S) → 扫掠(W) → 扫掠(S)...（管道(T)...）命令，弹出【扫掠】（【管道】）对话框（或单击 、 按钮），如图3-5所示。

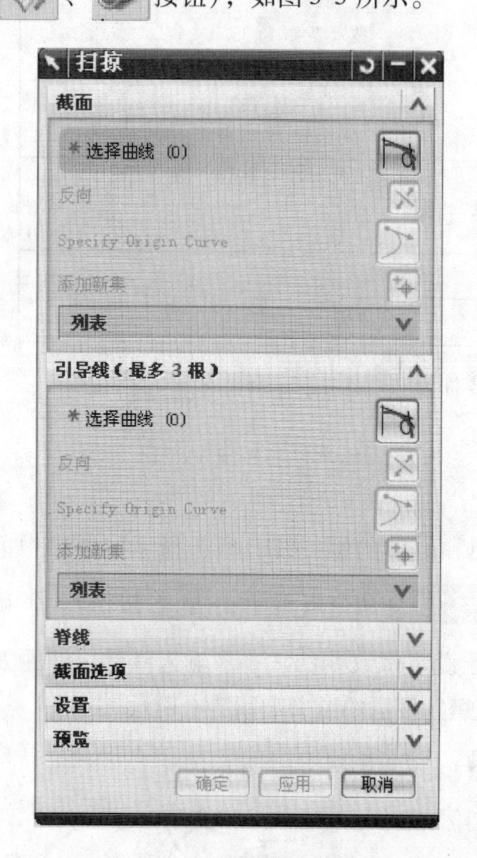

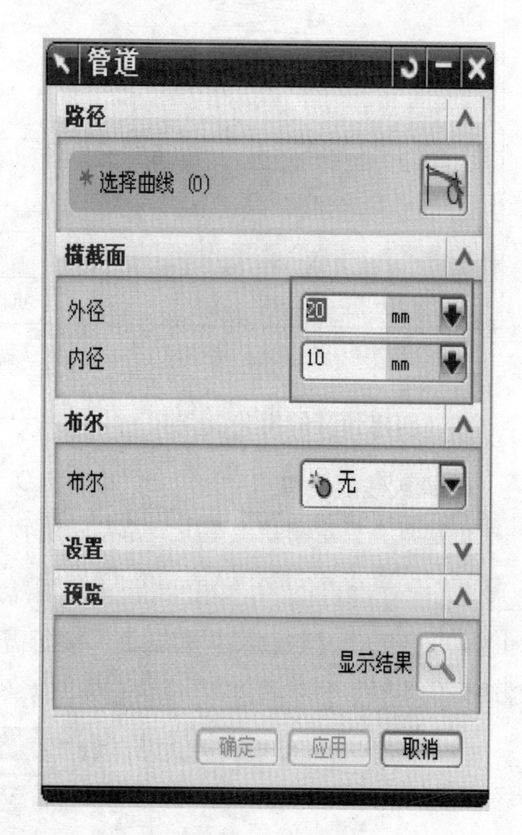

图3-5　【扫掠】对话框与【管道】对话框

创建扫掠及管道特征一般可分为以下几个步骤。

1）选择下拉菜单中的 插入(S) → 扫掠(W) → 扫掠(S)...（管道特征单击 按钮），弹出图3-5所示对话框。

2）输入管道特征的横截面直径

3）定义引导线。在 引导线（最多 3 根） 区域中单击 * 选择曲线 (0) 按钮（管道特征在 路径 区域中直接进行选择）。

引导问题　根据图3-6分析扫掠特征与管道特征的异同点。

____

____。

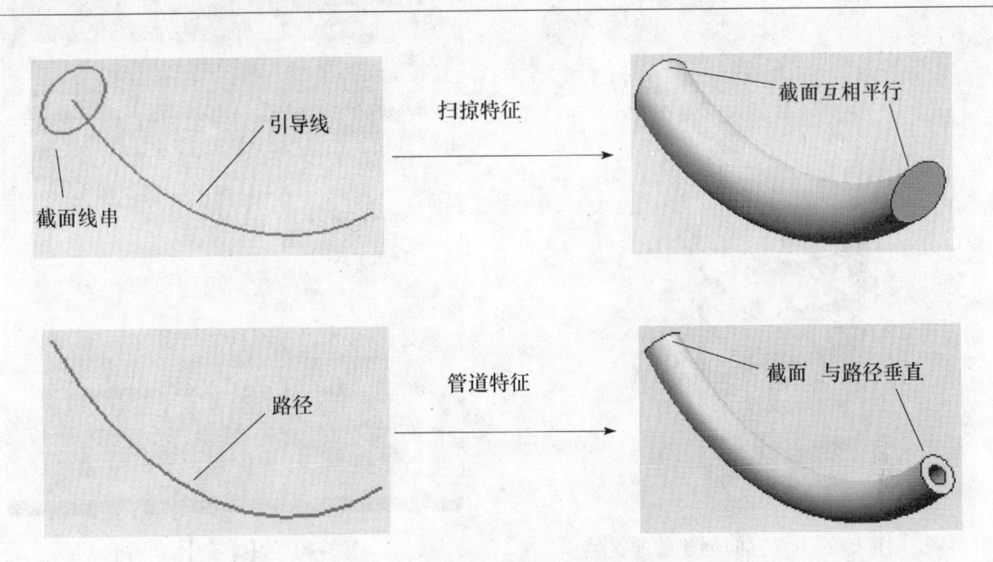

图3-6　扫掠特征及管道特征的对比

4）当使用扫掠特征时，截面为矩形或者其他图形时，根据以上步骤进行操作，会得到如图3-7所示的图形。这是错误的扫掠图，可以通过扫掠对话框中的【截面选项】选择定位方向进行修改，如图3-8所示。

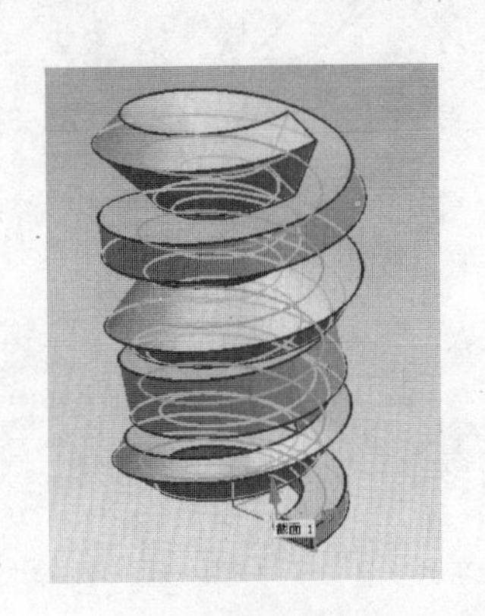

图3-7　错误扫掠图

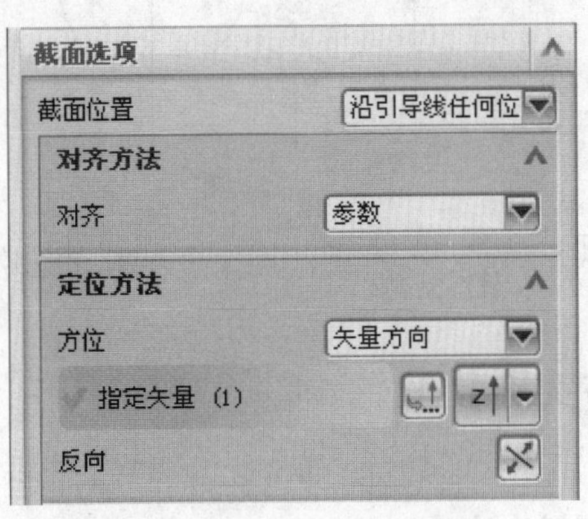

图3-8　【截面选项】对话框

如选择矢量为 z↑，完成操作后如图3-9所示。

3. 求交命令

选择下拉菜单中的 插入(S) → 组合体(B) 中所需的布尔命令，弹出如图3-10所示的对话框。

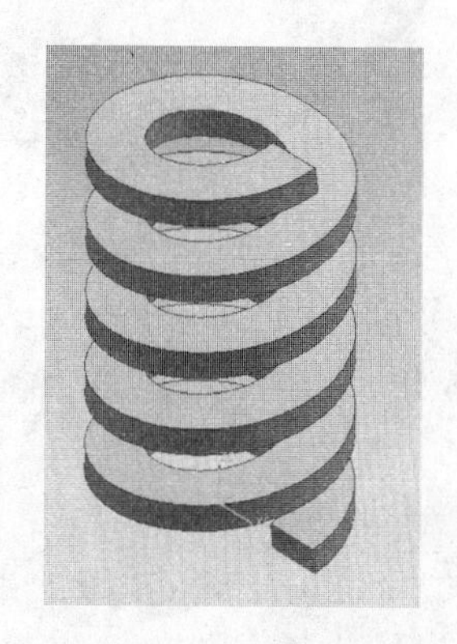

图 3-9　用正确的矢量方向创建的弹簧效果

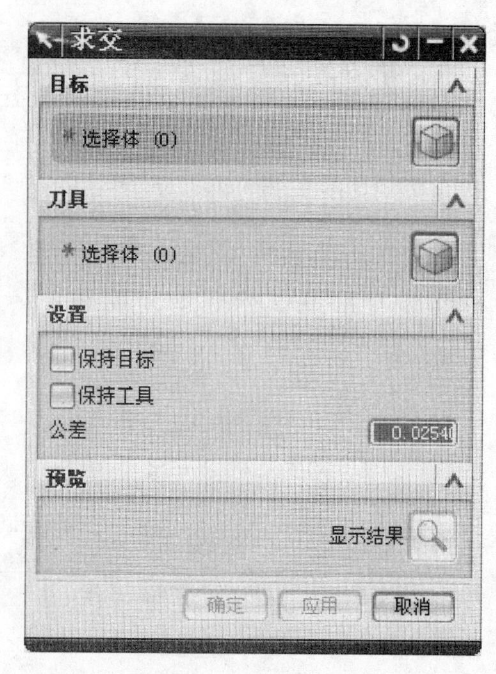

图 3-10　【求交】对话框

定义目标体和工具体，单击 确定 按钮，完成该布尔运算，效果如图 3-11 所示。

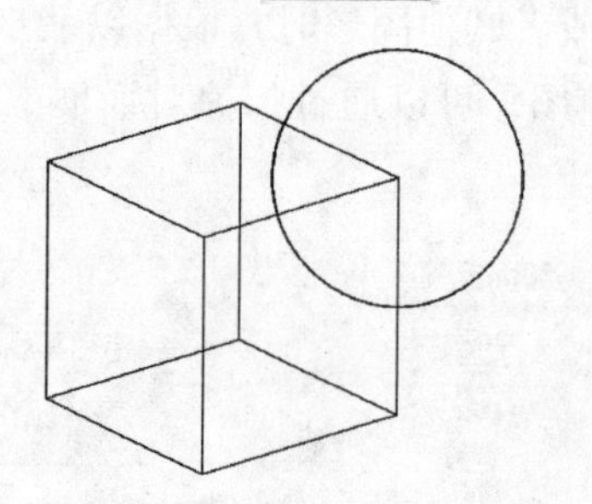

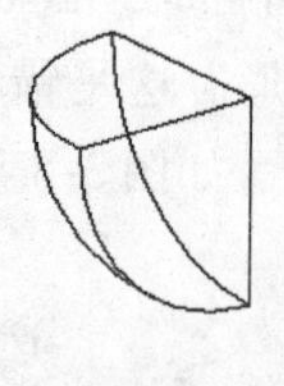

图 3-11　求交效果图

【计划与实施】

一、制订计划

根据图 3-2 所示的弹簧零件图，结合本任务所学命令，制订如下计划，见表 3-1。

表 3-1　计划表

序　号	内　容	命令名称
1	创建文档	
2	绘制螺旋线	
3		草图、矩形

（续）

序　号	内　容	命令名称
4	建立弹簧体	
5	在坐标原点创建高为64的圆柱	拉伸、草图、圆
6		求交
7	保存文档	

二、任务实施

根据图样及计划，逐步进行操作，最终完成弹簧的建模，如图3-12所示。

具体的建模步骤如下：

1）____。

2）进入草图界面，单击螺纹线命令，绘制图3-13所示螺纹线：圈数为11，螺距：6，弹簧半径为7。

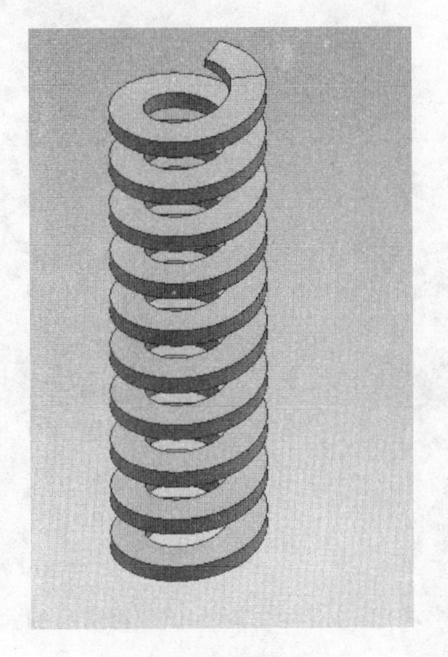

图3-12　弹簧

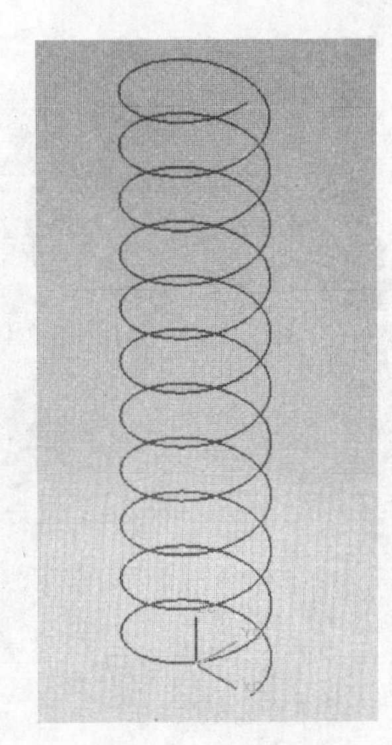

图3-13　创建螺纹线

3）____。

4）单击扫掠命令，选择截面和引导线，如图3-14所示。

因为截面为矩形，故在【截面选项】对话框中的定位方法中选择矢量方向，如图3-15所示。

单击【确定】按钮，完成弹簧的造型，如图3-16所示。

5）____。

6）单击求交命令，选择目标体和刀具体，如图3-17所示。

然后单击【确定】按钮，完成弹簧的修剪，如图3-18所示。

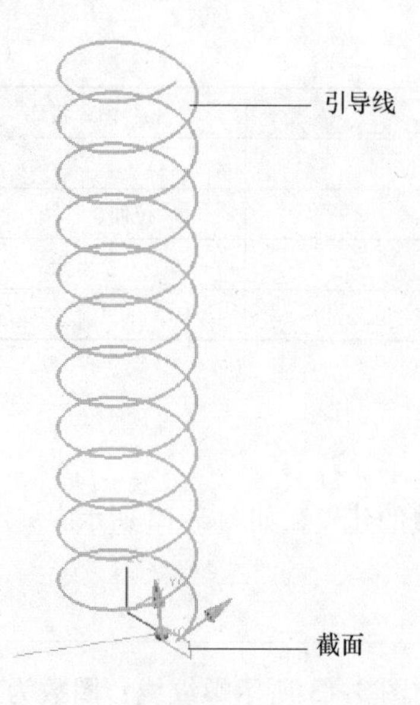

图 3-14　选择截面与引导线

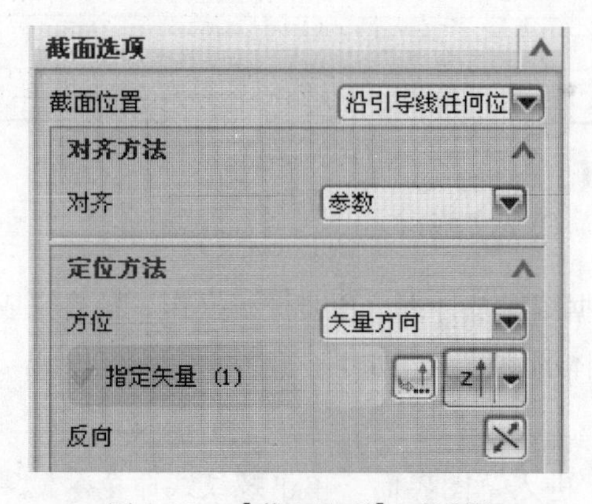

图 3-15　【截面选项】对话框

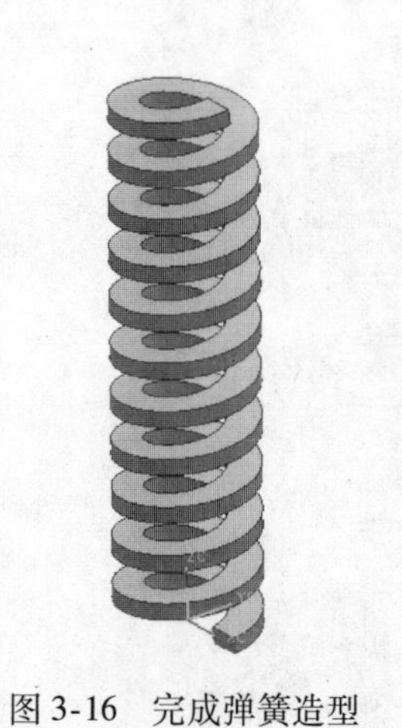

图 3-16　完成弹簧造型

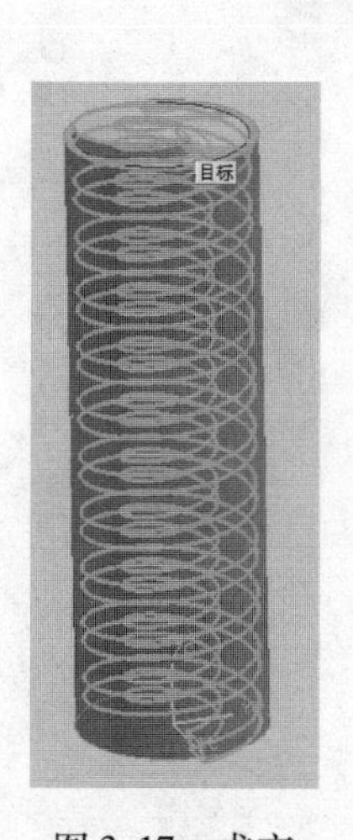

图 3-17　求交

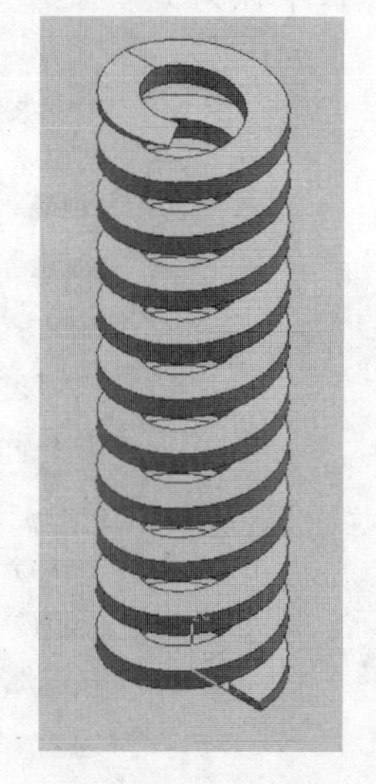

图 3-18　修剪后的弹簧造型

7）完成造型，保存文档。

【评价与反馈】

根据建模情况及学员接受能力等实际情况，制订有针对性的评价制度。

1. 自我评价（占总成绩的 20%）

1）是否了解扫掠类零件的基本组成部分？

评价情况：______________________________

____

____

2）能否准确地绘制出弹簧的螺旋线及截面曲线？

评价情况：____________________

3）能否在规定时间内完成该零件的建模？

评价情况：____________________

____

签名：__________　　____年____月____日

2. 小组互评（占总成绩的30%）

进行互评并填写小组互评表，见表3-2。

表3-2　小组互评表

被评小组名称：		
被评小组成员：		
序号	评价项目	评价（1~25）
1	对命令的掌握是否牢固	
2	制订的计划是否能顺利完成建模	
3	完成图形绘制时，是否出现图形或尺寸的错误	
4	是否能在规定时间内完成工作任务	
合计		

参与评价的同学签名：__________　　____年____月____日

3. 教师评价（占总成绩的50%）

在教师引导下根据表现由小组进行评价，再由指导教师给出考核结果，并填写表3-3。

表3-3　考核结果表（教师填写）

单位名称	广州市机电技师学院	班级学号		姓名		成绩	
		图样编号		图样名称			
序号	评价项目	考核内容		所占比率（%）		得分	
1	识读零件的三视图	零件图的识读		15			
2	完成习题情况	本任务的学习内容		25			
3	命令的掌握程度	考验学生对本任务学习的命令的掌握程度		25			
4	零件图的绘制是否正确	参照绘制的零件图检查本次学习任务的完成情况		20			
5	团队协作精神	能与小组成员和谐相处，互相学习，互相帮助，不一意孤行（团队合作精神）		15			
合计				100			

教师签名：__________　　____年____月____日

[扩展练习]

模芯的建模

引导问题 通过本任务的学习，我们知道扫掠体的创建需要截面与引导曲线，并且扫掠与管道在创建特征上有区别。那么，不规则的扫掠体（图3-19）该如何创建？

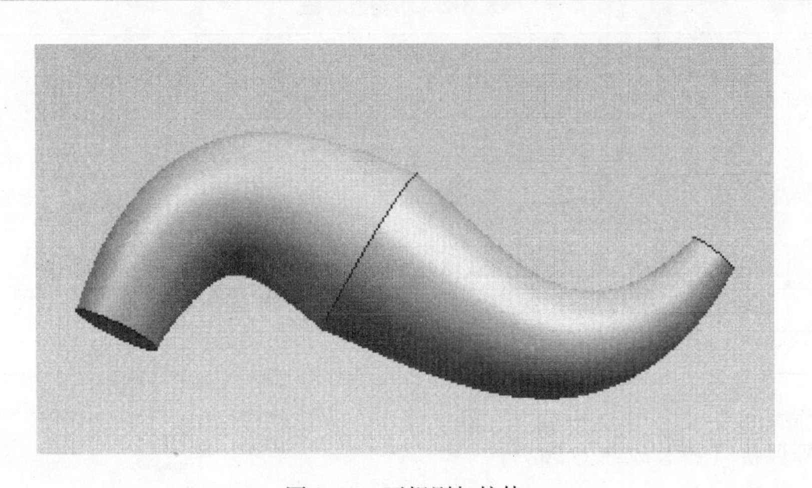

图3-19 不规则扫掠体

1）扫掠窗口下有哪些命令栏？______________________________

____

2）从之前对扫掠特征的理解，你认为图3-19中有几个截面？并说说你的判断依据。

____

____

分析如图3-20所示的模芯零件图，可获得以下参数信息。

1）模芯的外形尺寸：成形部分外径__________；底座__________；流道角度__________。

2）图样分析：模芯高度公差为__________。

引导问题 在创建规则扫掠体时，只需要选择界面曲面及引导线就能完成操作。那么在创建不规则扫掠体时，需要考虑哪些参数的设定及选择？

1. 扫掠命令的深入讲解

在创建扫掠特征时，往往只需选择截面曲线及引导线即可。而截面曲线往往不止一条。当选择一条曲线作为截面时，可以单击添加新集或使用鼠标中键继续添加截面，如图3-21所示。

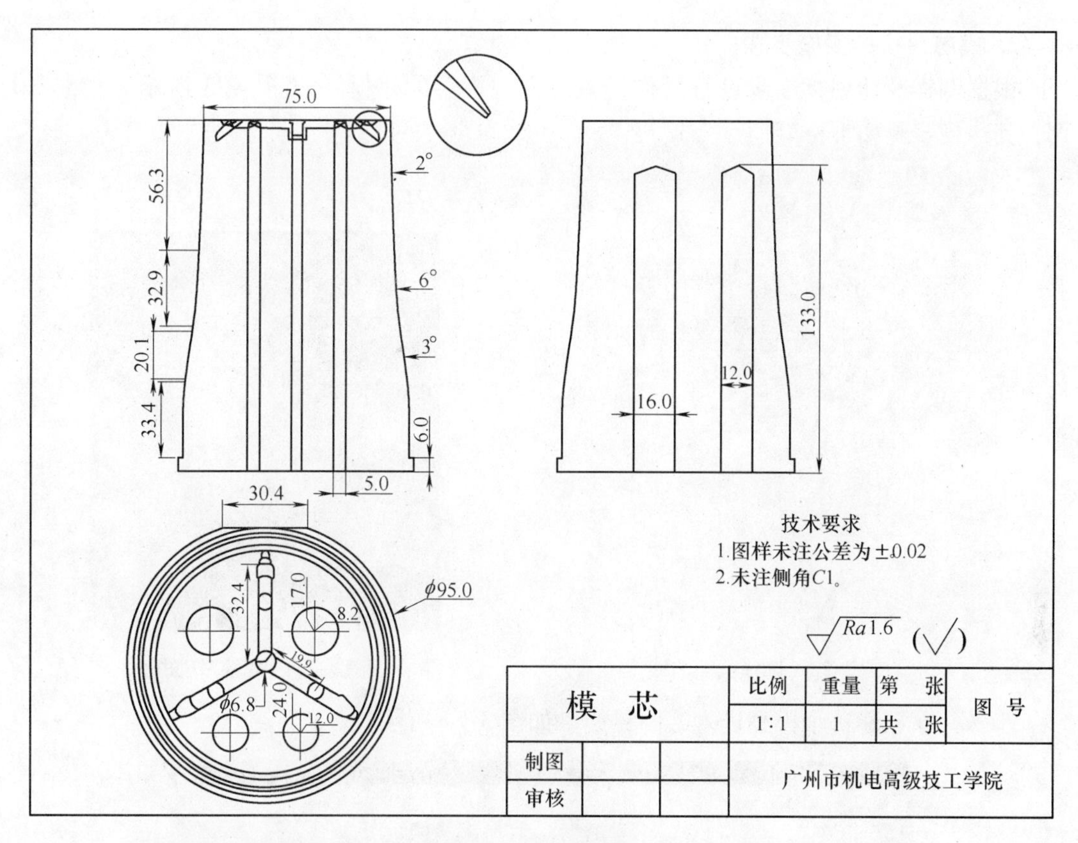

图 3-20　模芯零件图

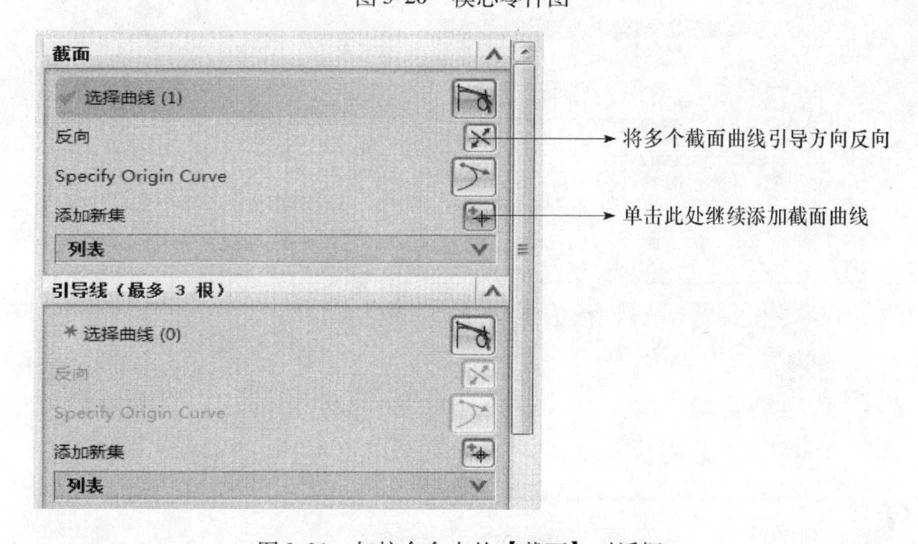

图 3-21　扫掠命令中的【截面】对话框

在创建不规则扫掠体时，同样需要先创建截面形状，然后依次选择截面曲线（图 3-22），并单击 * 选择曲线 (0) 按钮选择引导线，完成特征创建。

在图 3-22 中，所选择的三条截面曲线的引导方向必须相同，否则创建扫掠特征时将会产生交叉现象。当依次选择三条截面曲线后，后续操作与常见扫掠建模的操作方法相同。

2. 模芯建模的实施步骤

根据图样及计划，逐步进行操作，最终完成模芯的建模。如图 3-23 所示为模芯 3D 图，其建模步骤如下：

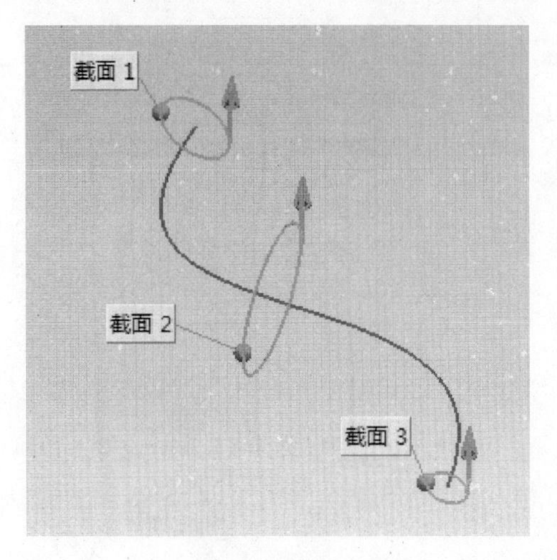

图 3-22　选择截面曲线

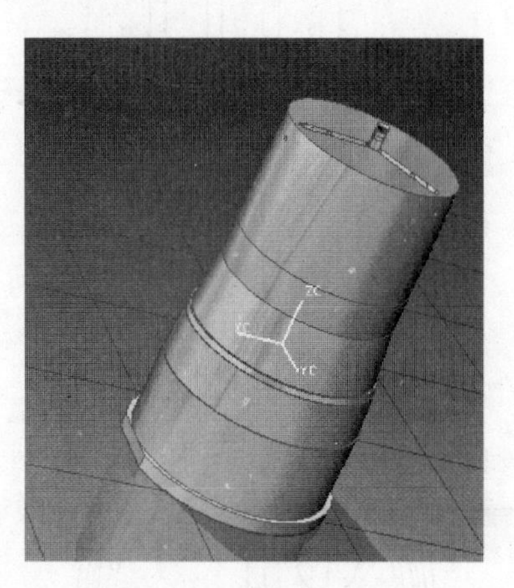

图 3-23　模芯 3D 图

步骤一：新建一个模型进入绘图界面，如图 3-24 所示。

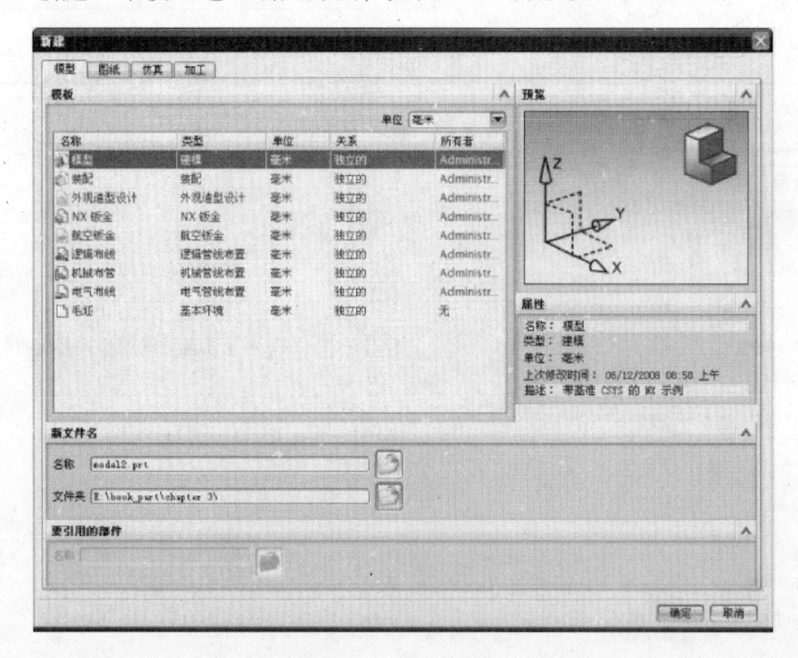

图 3-24　新建界面

步骤二：选择下拉菜单 插入(S) 中的【草图】命令或单击【草图】按钮，并选择合适的坐标系（XC－YC），进入草绘页面。

通过对模芯成形部分的分析发现，使用____________命令进行建模最为简洁，完成后效果如图 3-25 所示。

步骤三：完成模芯回转部分的建模。通过前面学习我们知道，对于锥度特征可以使用回转命令来进行创建。

请同学们自行完成该回转特征的建模，完成效果如图3-26所示。

图3-25　拉伸圆

图3-26　回转曲面

步骤四：制作模芯底座。单击 命令，并选择步骤三中模型的底面作为草绘平面，如图3-27所示。在该草绘平面的坐标原点处使用 命令，并开启 捕捉圆上的点，绘制一个与底面大小相同的圆，然后单击 完成草图 按钮结束本次草绘。

根据2D图样在图3-28所示的文本框中输入____________，并单击 确定 按钮完成本次拉伸特征的创建，效果如图3-29所示。

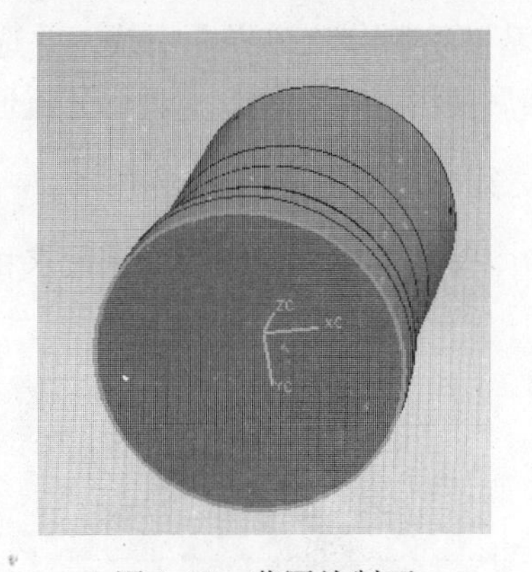

图3-27　草图绘制面

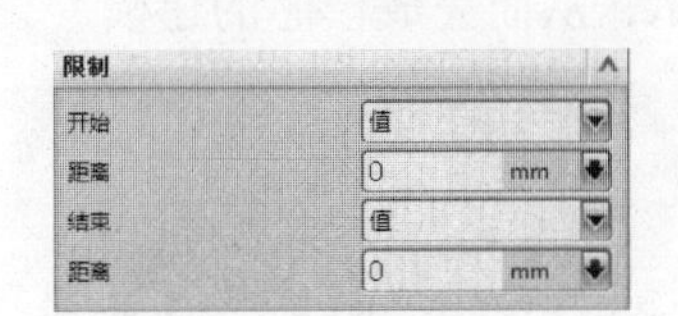

图3-28　文本框

使用同样的方法在此模芯底面绘制一个直径为____________的圆，并依次使用拉伸和求差命令作出该模芯底座并作出止转槽，完成整个底座的建模，如图3-30所示。

步骤五：模芯底面孔的创建。使用【孔】命令逐步完成模芯底面孔的创建。详细步骤请同学们自行完成，完成后效果如图3-31所示。

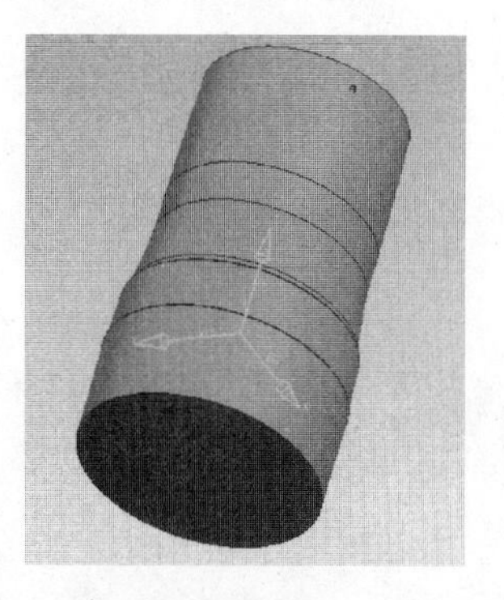

图 3-29　拉伸后实体

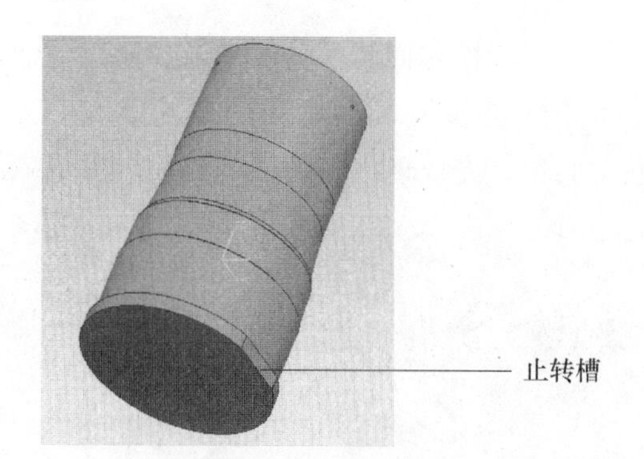

图 3-30　止转槽的创建

步骤六：分流道的创建。

1）单击 命令，选择模型顶面作为草绘平面进行草绘，如图 3-32 所示。

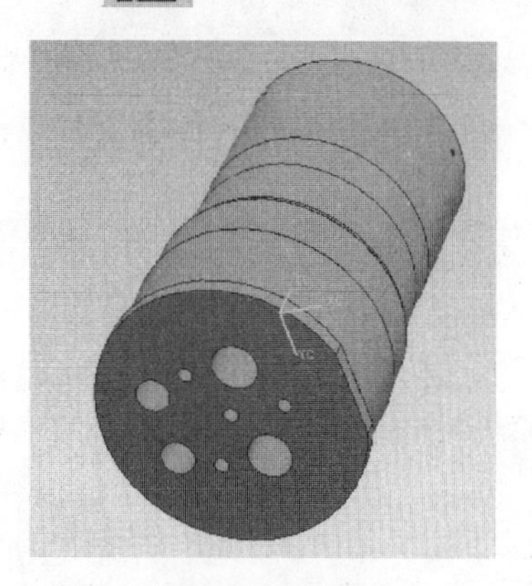

图 3-31　创建孔

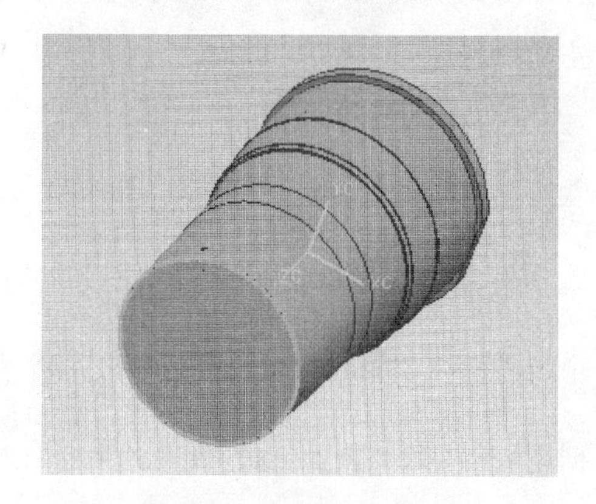

图 3-32　选择草图绘制面

2）进入草绘界面后，以止转槽的位置为基准绘制分流道界面引线，并选取直线末端作为参考面绘制直径为____________的圆，然后使用____________进行分流道的建模。

3）使用 命令完成该分流道的创建，完成后效果如图 3-33 所示。

步骤七：组合特征。使用____________命令将之前所创建的特征进行求和，最终效果如图 3-34 所示，从而完成模芯的建模。

图 3-33　分流道的创建

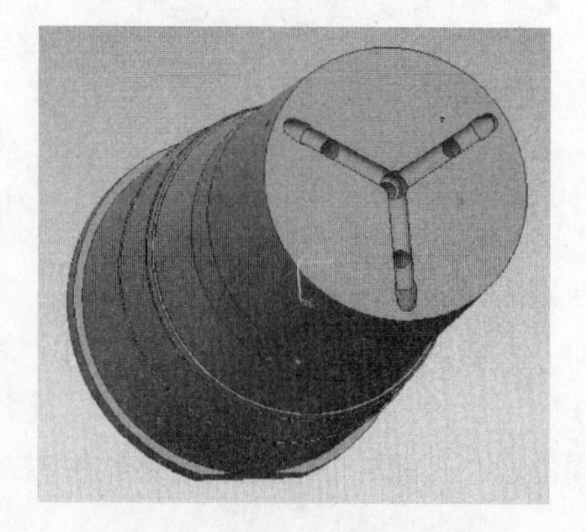

图 3-34　创建完成的模芯实体

学习任务四　模具型芯的建模

学习目标

完成本学习任务后，应当具备以下技能。

1）能通过查阅资料或者观看教学视频学会创建、操作和编辑曲线。

2）能通过查阅资料或者观看教学视频学会用点构建曲面。

3）能通过查阅资料或者观看教学视频学会用线构建曲面。

4）会基于已有曲面构成新曲面。

5）会编辑曲面。

6）会创建螺纹特征。

7）会移除实体参数。

8）会设置图层。

9）能在教师的指导下，独立或以小组工作的方式完成模具型芯的建模。

建议学时　16 学时。

内容结构

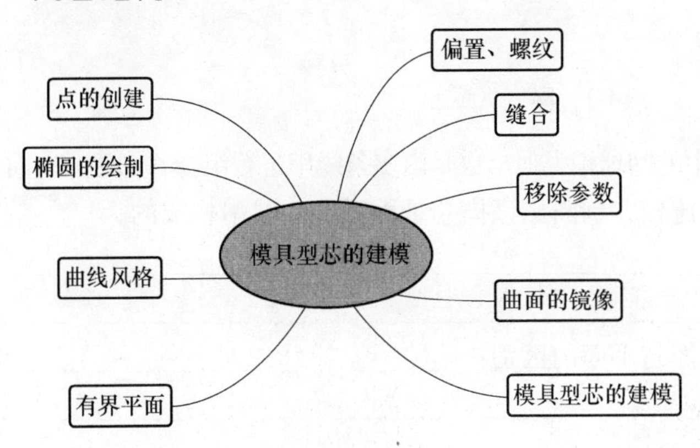

任务描述

某模具设计公司委托我校完成简单零件建模任务，要求使用 UGNX6.0 软件进行建模。根据图样，绘制哈夫模芯及哈夫滑块的三维模型，工时为两天，尺寸需严格按照图样要求。任务完成后，提交 UG 零件模型图。

【学习准备】

引导问题 在生活中，我们常常会看到带曲面的实体。那么在 UG 软件中，是否也可以绘制带曲面的零件?

一、学习任务类比

曲面造形的纹理通常可看做由许多网格勾勒而成。平面是由众多直线网格构成的，而曲面则是由许多曲线构成的。类似于网球拍（图 4-1），当网球拍上的线条为直线时，网球拍即为平面；当我们将平面上的一个点往下压时，直线变为曲线，平面也变为曲面。

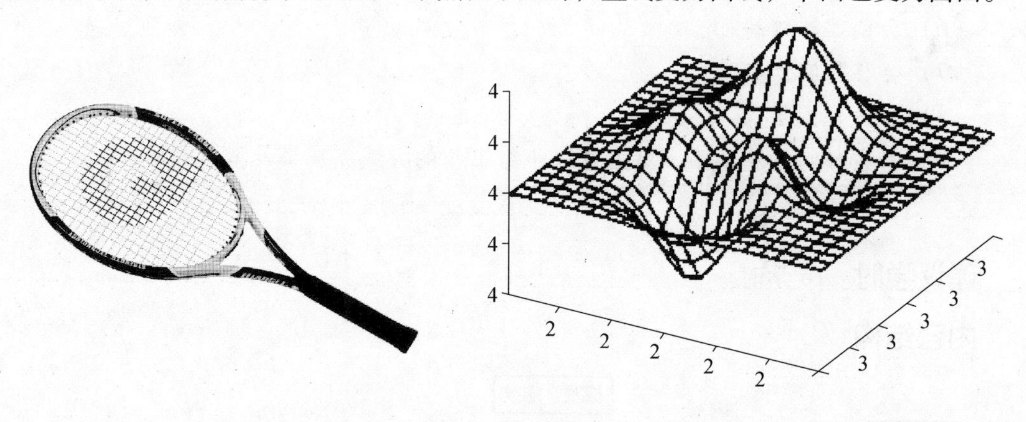

图 4-1　网格曲面

在 UG 中，曲面的绘制与生活中的网球拍类似，也是由多条线串进行组合并创建成曲面。

1）将哈夫模芯与网球拍进行比较，判断出该模芯是由哪些曲线串构成的。________

____

____。

2）请用生活中的实例解释曲面与平面的区别：____________________

____。

二、分析图样

分析如图 4-2 所示的哈夫模芯零件图，可获得以下参数信息。

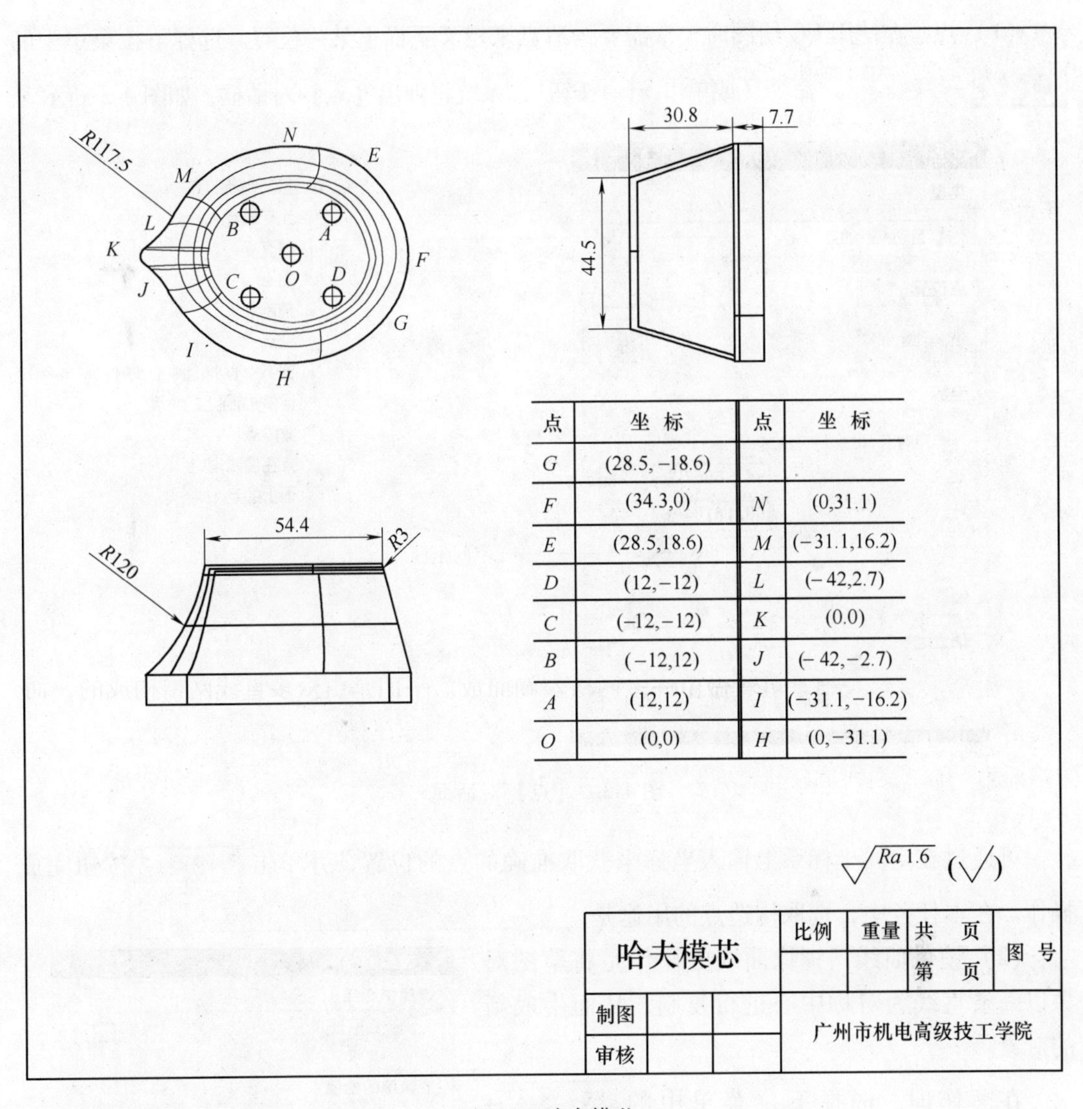

点	坐　标	点	坐　标
G	(28.5, −18.6)		
F	(34.3,0)	N	(0,31.1)
E	(28.5,18.6)	M	(−31.1,16.2)
D	(12,−12)	L	(−42,2.7)
C	(−12,−12)	K	(0.0)
B	(−12,12)	J	(− 42,−2.7)
A	(12,12)	I	(−31.1,−16.2)
O	(0,0)	H	(0,−31.1)

图 4-2　哈夫模芯

1）模芯的表面粗糙度值：____________

2）根据模芯图样信息，填写下列内容。

①模芯的外形尺寸：最大高度____________、长度____________、宽度____________。

②螺纹深度____________、孔径____________。

③孔的倒角有____________；分别在____________。

三、创建哈夫模芯的命令

1. 曲线命令。

由网球拍的实例可以得出：曲面的精度决定于构建该特征的曲线的精度。而该特征曲线的尺寸也决定了曲面的尺寸。所以掌握 2D 图样中曲线的位置、尺寸及精度，即掌握了曲面的外形。

（1）点。在使用 UG 绘图时，常需要构造点来定义平面上某一位置。选择下拉菜单中的 插入(S) → ＋ 点(P)... 命令（或单击 ＋ 按钮），系统将弹出【点】对话框，如图 4-3 所示。

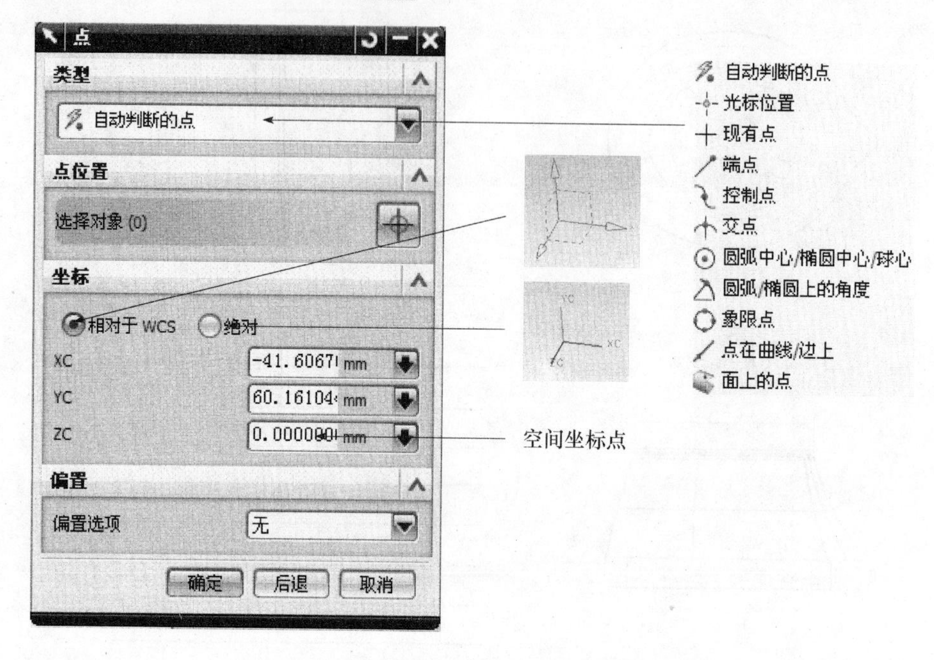

图 4-3　【点】对话框

可通过在空间坐标系上输入坐标来获取准确的点的位置，并单击 确定 按钮完成操作。在本任务中，选取构造点的用途是________________________。

（2）镜像曲线。镜像曲线的操作是将草图对象以一条直线为对称中心进行复制，从而生成新的对象。

在操作时，选择下拉菜单中的 插入(S) → 来自曲线集的曲线(F) ▸ → 镜像曲线(M)... 命令（或单击 按钮），弹出如图 4-4 所示对话框，镜像前后的对照图如图 4-5 所示。

图 4-4　【镜像曲线】对话框

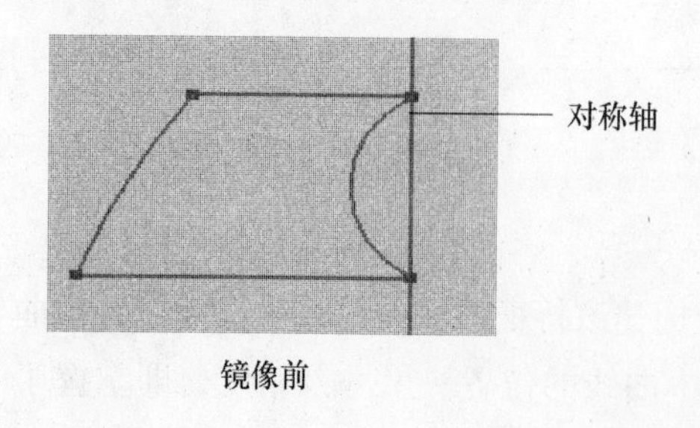

镜像前

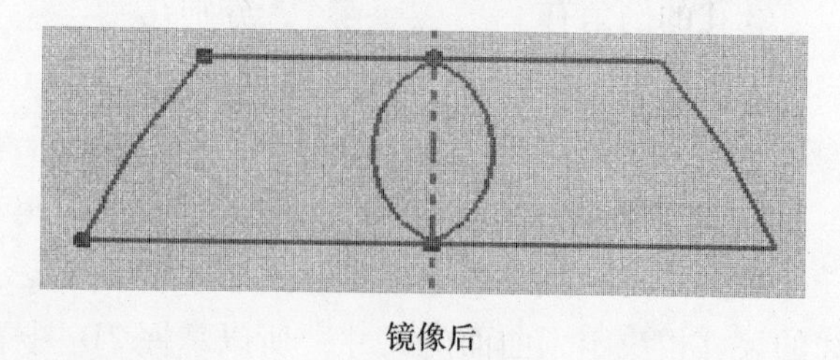

镜像后

图 4-5　镜像前后对照图

（3）椭圆。椭圆的定义为：____。它由____组成。

绘制椭圆时，通过依次单击 插入(S) → 曲线(C) ▶ → 椭圆(E)...（或直接单击 按钮）进入到【椭圆】对话框，如图4-6所示。

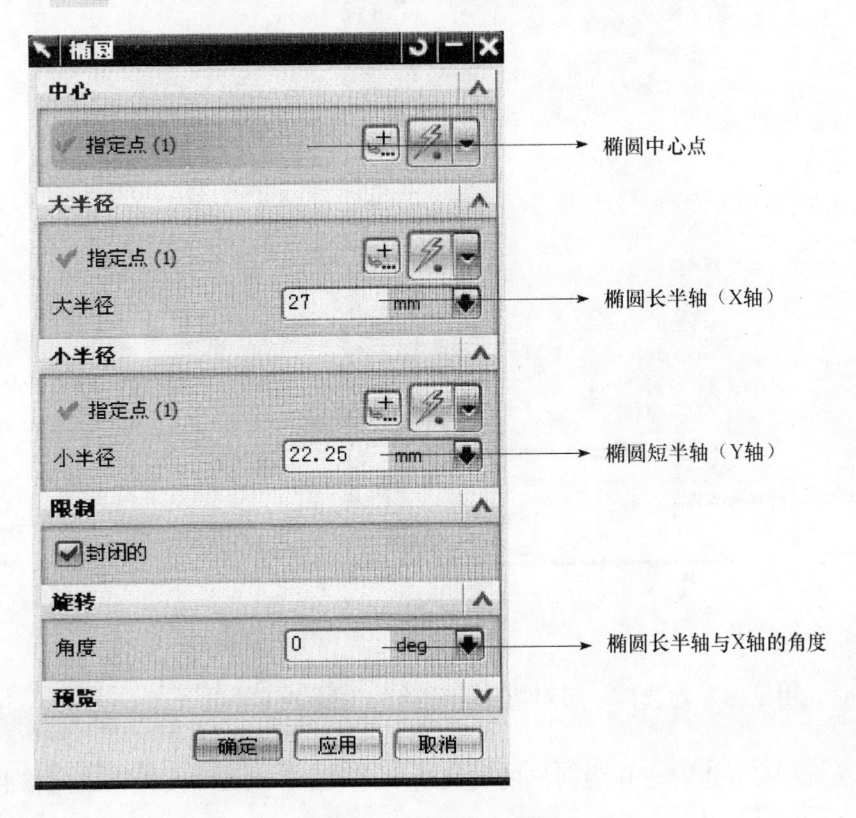

图4-6　【椭圆】对话框

思考问题： 在构建椭圆时有哪些需要注意的地方？如何运用上述所学知识对椭圆进行定位。

2. 曲面类命令

（1）曲线网格。曲线网格的定义是：____。

曲线网格的一般创建过程为选择下拉菜单中的 插入(S) → 网格曲面(M) → 通过曲线网格(M)... 命令或单击 曲面 菜单中的 按钮。创建后弹出如图4-7所示的对话框。

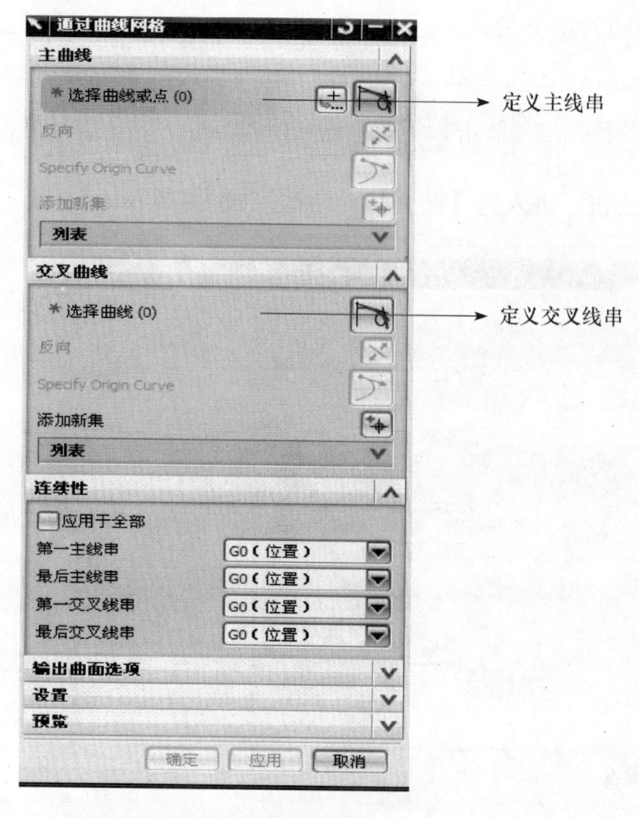

图 4-7 【通过曲线网格】对话框

操作时，用鼠标左键选择一组对边作为网格的主线串，单击 交叉曲线 * 选择曲线 (0) 按钮并用同样的方法选择另一组对边作为网格的交叉线串，单击 确定 按钮完成网格曲面的创建，如图 4-8 所示。

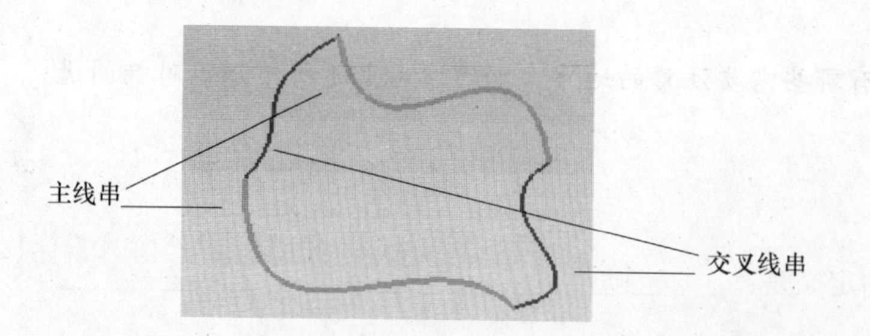

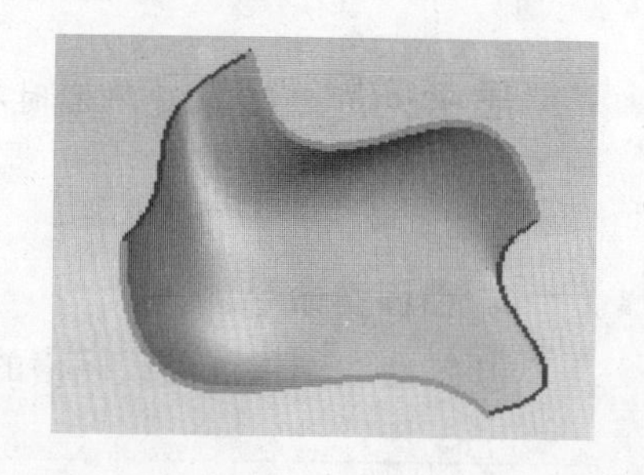

图 4-8 曲面创建

思考问题： 主线串与交叉线串是否必须为一组对边？将主线串与交叉线串反向后创建的曲面特征是否相同？

____

____。

（2）有界平面。有界平面是创建由一组端点相连的曲线封闭的平面片体。它所创建的平面是没有深度参数的二维曲面。

创建有界平面时，单击 按钮弹出【有界平面】对话框，并选择一组封闭曲线来创建平面特征。

操作时依次单击 →需要封闭的连接曲线→ 确定 按钮，完成有界平面的创建，如图 4-9 所示。

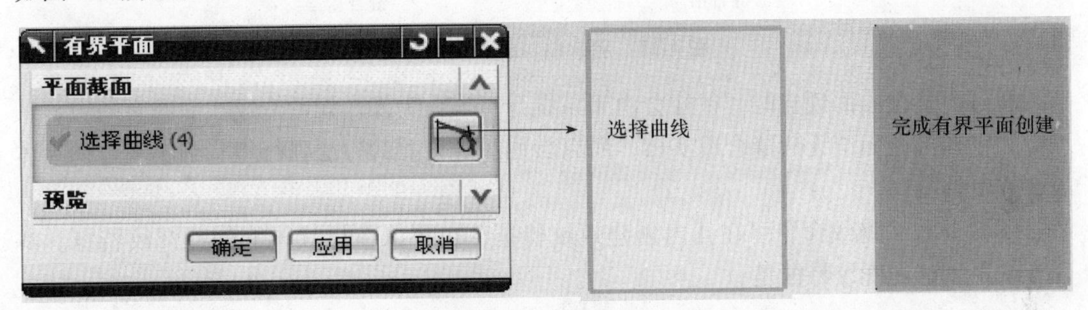

图 4-9 创建有界平面

（3）缝合。封闭的曲面无法构成实体，若需将封闭的片体转换为实体，必须用到缝合命令，故缝合是通过缝合公共面来组合实体的命令。

进行缝合操作时，选择下拉菜单中的 插入(S) → 组合体(B) → 缝合(W)... 命令，系统弹出【缝合】对话框，如图 4-10 所示。

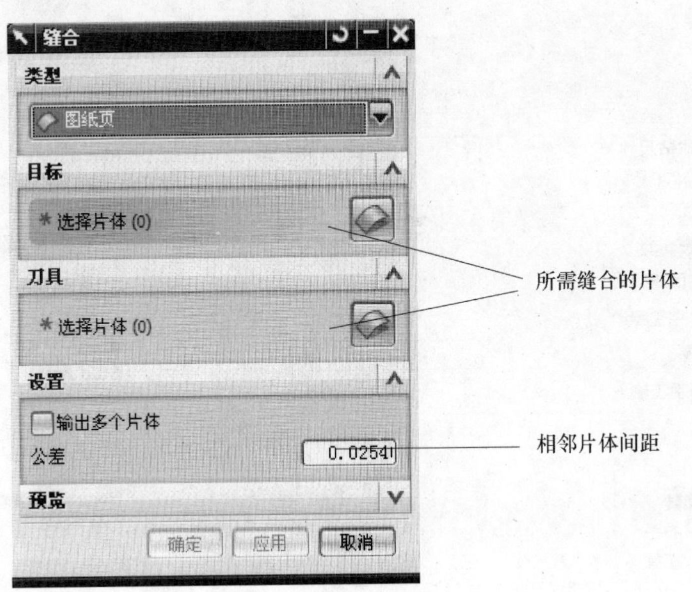

图 4-10 【缝合】对话框

将片体缝合时，可依次选择所需面，也可对所有面进行框选，如图 4-11 所示为缝合前与缝合后的比较。

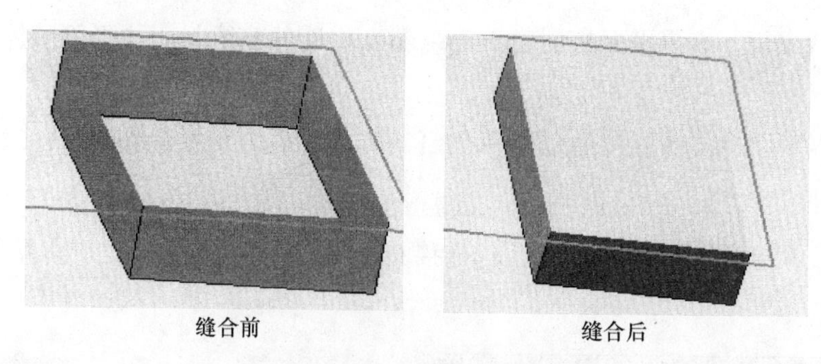
缝合前　　缝合后

图 4-11　缝合前与缝合后的比较

在进行复杂曲面创建时，往往会由于系统计算或人为操作误差造成曲面间有间隙，从而导致创建的曲面组无法缝合成实体，所以常用扩大公差的方法强行将有细小间隙的片体缝合成实体。

（4）螺纹。螺纹命令可在孔内创建螺纹特征，也可以在柱状体上创建螺纹特征。本任务中要创建的螺纹特征是____________。

创建螺纹特征时，依次选择 插入(S) → 设计特征(E) → 螺纹(T)... 命令，或在 特征操作 工具条中单击按钮，弹出如图 4-12 所示对话框。

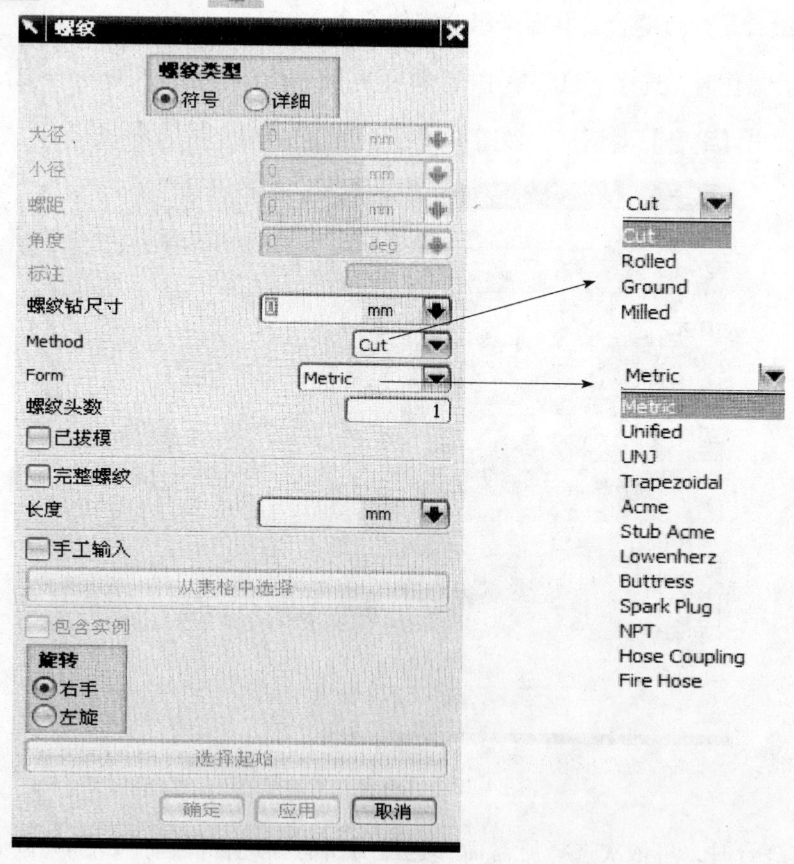

图 4-12　【螺纹】对话框

创建螺纹孔的操作方法通常为在螺纹类型中选择 螺纹类型 ○符号 ◉详细 选项，弹出【螺纹】对话框（图4-13），然后单击 确定(O) 按钮进入螺纹参数设定窗口，如图4-14所示。

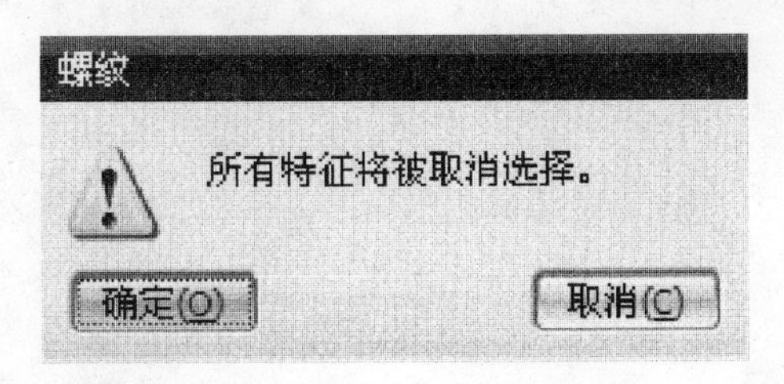

图4-13　【螺纹】对话框

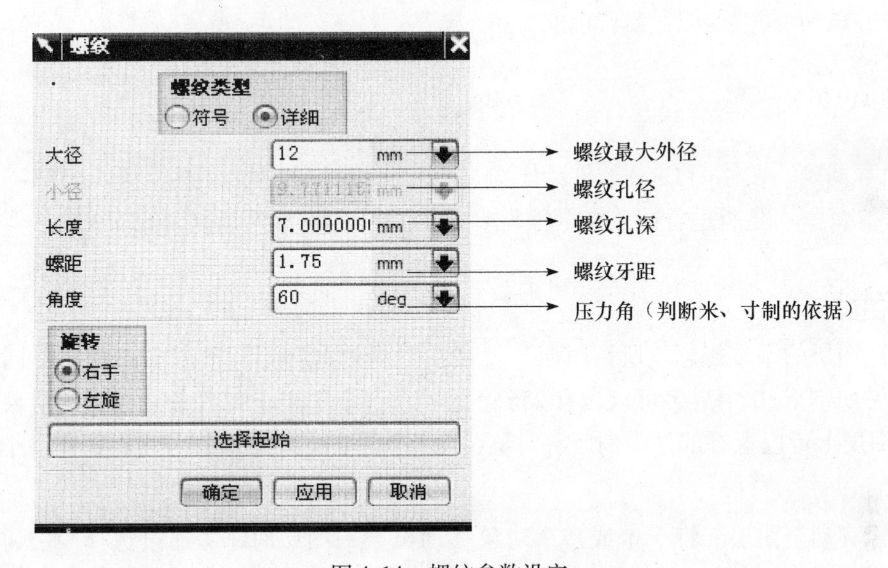

图4-14　螺纹参数设定

在图4-14所示窗口后单击鼠标左键，选择要添加螺纹特征的孔，然后单击 确定 按钮，完成螺纹特征的创建，如图4-15所示。

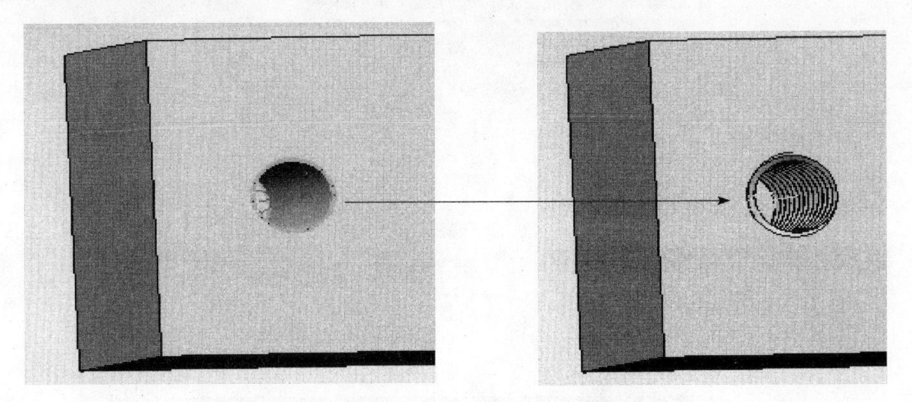

图4-15　完成螺纹的创建

引导问题　如何在图4-16a上创建螺纹特征，使其变成图4-16b所示的图形。

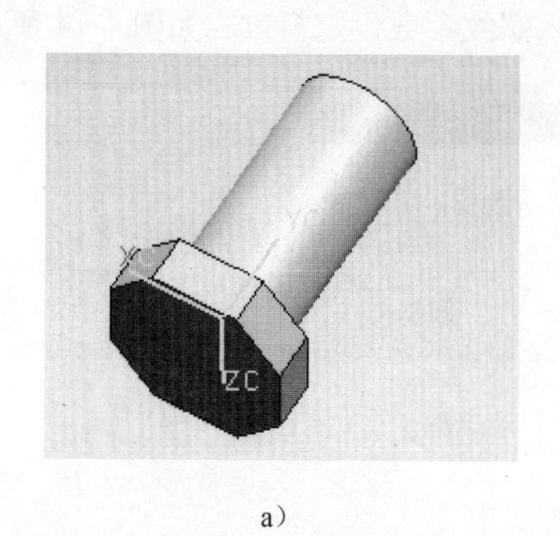

a）

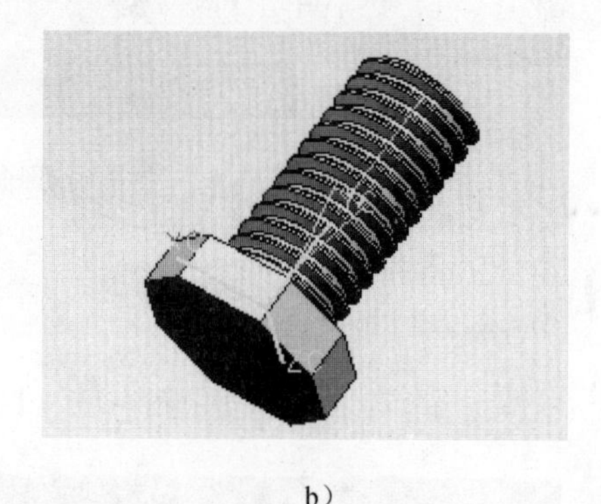

b）

图4-16　创建外螺纹

引导问题　在使用CAD软件绘图时，常常将线条分图层放置。那么在UG软件中，是否也有图层命令？与CAD软件中的图层定义是否相同？

3. 图层

（1）图层的基本概念。所谓图层，就是在空间中选择不同的层面来存放不同的目标对象。在UGNX6.0中最多可以含有256个图层，每个图层上可含任意数量的对象，因此在一个图层上可以含有部件中的所有对象，而部件中的对象也可以分布在任意一个或多个图层中。

（2）移动至图层。将一个或多个对象移动至某一图层时，需通过选择 格式(R) 下拉菜单的 移动至图层(M)... 命令来完成所有的设置，其对话框如图4-17所示。

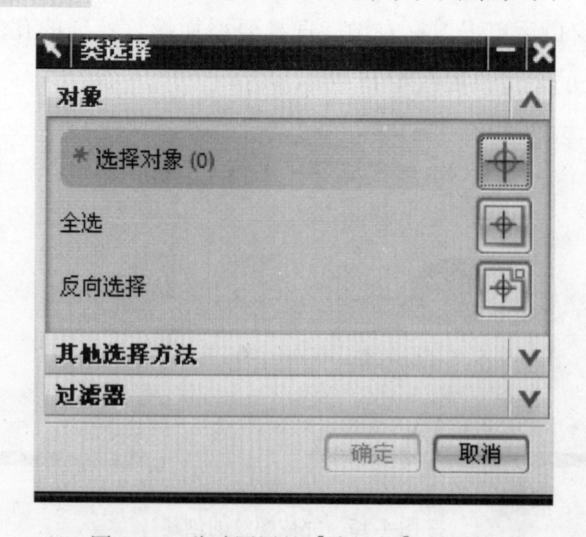

图4-17　移动图层的【类选择】对话框

用鼠标左键选中想要移动至图层的对象（可以选择多个），选择后单击 确定 按钮完成对象的选择，并进入图层移动界面，如图 4-18 所示。

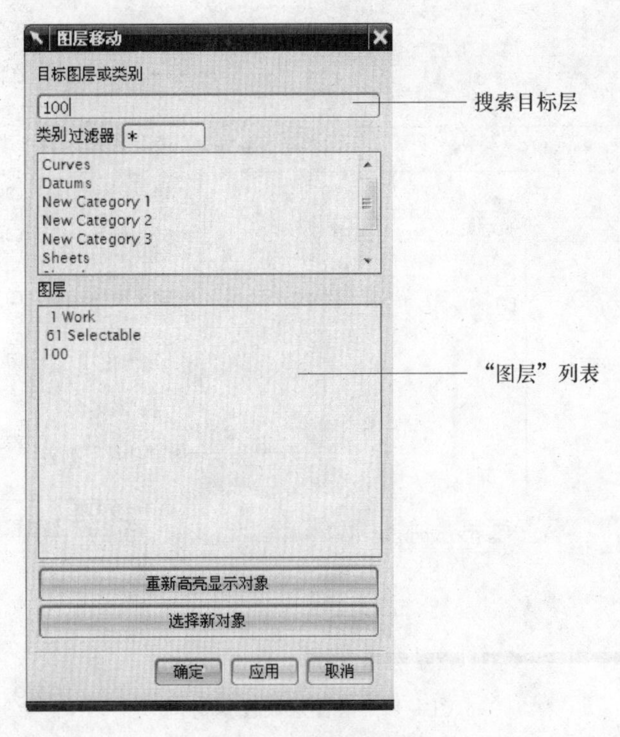

图 4-18　图层移动界面

在“目标图层或类别”文本框中输入想要查找的图层，然后单击 确定 按钮，即可将之前所选对象移动至该图层中。例如在该文本框中输入 100，即可将所选对象移动至第 100 号图层中。

（3）设置图层。图层的设置必须通过选择 格式(R) 下拉菜单中的 图层设置(S)... 命令来完成，弹出的【图层设置】窗口如图 4-19 所示。

单击 ☑ 100 前的复选按钮☑，可以将该图层隐藏。

4. 移除参数

移除参数用于从实体或片体移除所有参数，形成一个非关联的体，其操作命令为：选择下拉菜单中的 编辑(E) → 特征(F) → 移除参数(V)... 命令，或单击 按钮。

移除参数的使用步骤如下：

第一步：单击 按钮，弹出【移除参数】对话框，选择你所需要移除参数的实体，如图 4-20 所示。

第二步：单击图 4-20 中的 确定 按钮进入下一步，弹出图 4-21 所示对话框提示是否继续，单击 是 按钮，完成移除参数命令。

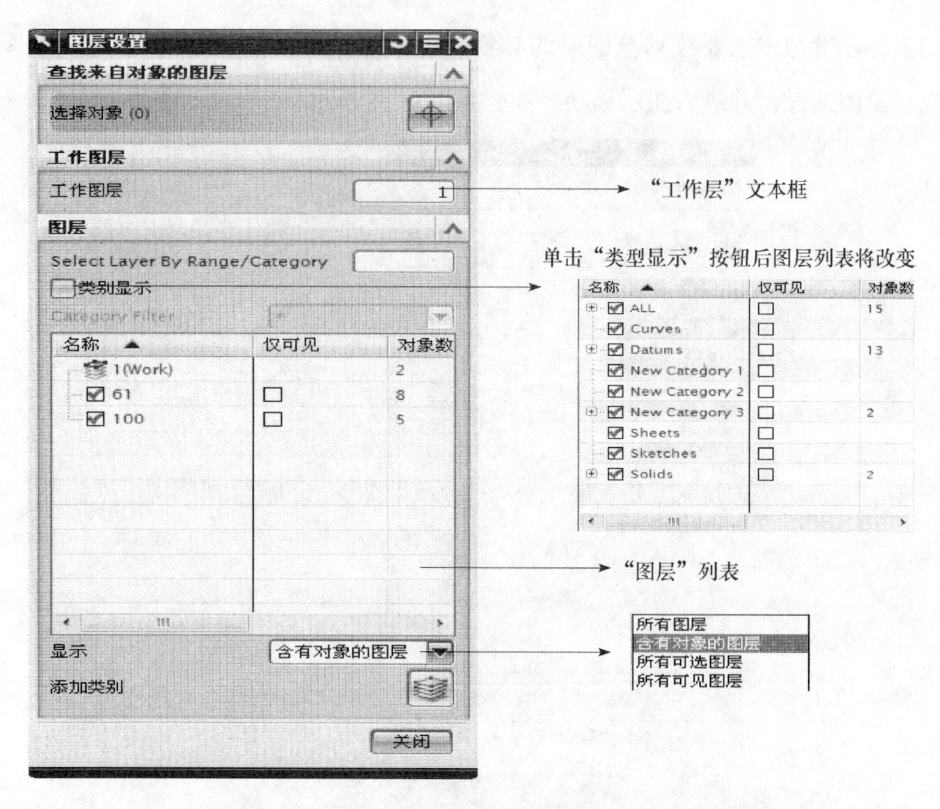

图 4-19 【图层设置】窗口

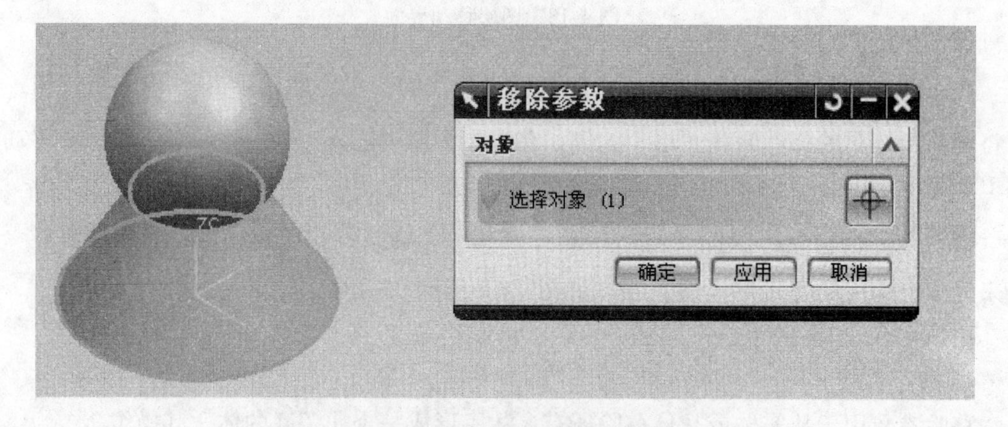

图 4-20 移除参数对象及对话框

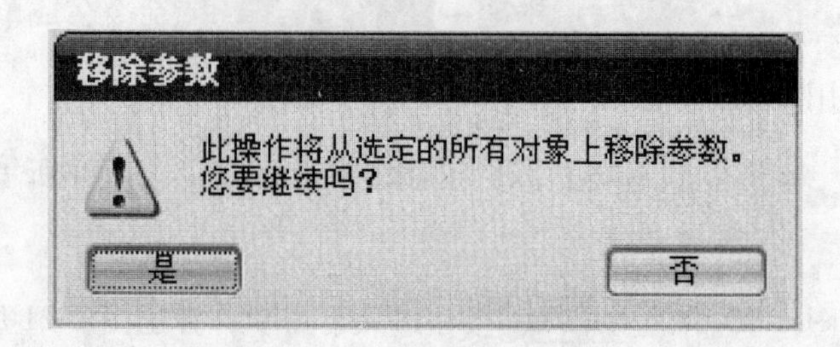

图 4-21 【移除参数】确认框

第三步：确认参数是否移除，移除前与移除后的参照图如图 4-22 所示。

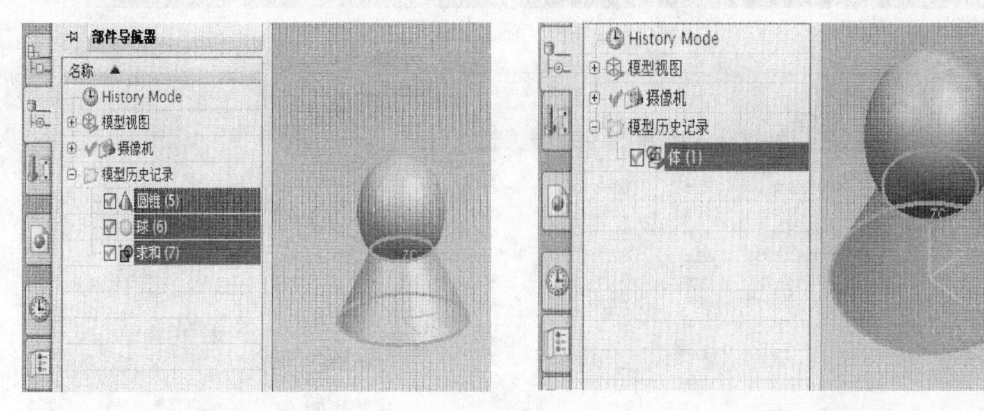

参数移除前　　　　参数移除后

图 4-22　移除前与移除后的参照图

【计划与实施】

一、制订计划

根据图 4-2 所示零件图，结合本任务所学命令，制订如下计划，见表 4-1。

表 4-1　计划表

序　号	内　容	命令名称
1	新建 UG 文档	新建命令
2	绘制模芯底面曲线草图	点、三点圆、镜像曲线
3	绘制模芯顶部曲线	
4	绘制引导线串	创建基准面、三点圆
5	创建曲面特征	
6	将曲面特征转换为实体	
7	创建模芯底座	拉伸、偏置
8	模芯细节特征的创建	倒圆角、倒斜角
9	模芯顶尖孔及螺纹孔的建模	拉伸、求差、孔、螺纹
10	隐藏多余草绘曲线	
11	模芯后期处理	真实着色、保存

二、任务实施

步骤一：单击  按钮，新建一个模型进入绘图界面，如图 4-23 所示。

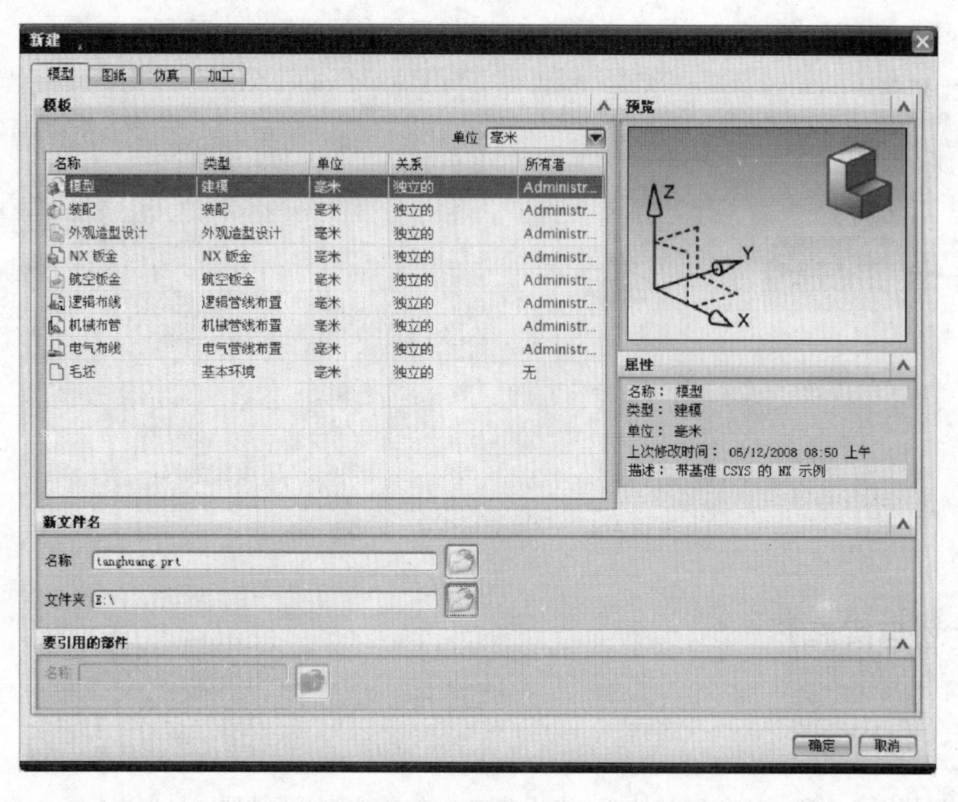

图 4-23 【新建】对话框

步骤二：绘制模芯底面曲线草图，具体方法如下：

1）单击按钮，选择默认平面后单击 确定 按钮，进入草图绘制。按照图样要求，单击点命令，绘制构成图形的定位点，如图 4-24 所示。图中总有 8 个点，坐标分别为 (42，2.7)、(43，2.7)、(－42，－2.7)、(31.1，16.2)、(0，31.1)、(28.5，18.6)、(34.3，0)、(28.5，－18.6)。

2）单击命令，选择三点定圆命令绘制图形（黄色圆弧半径为 117.5），如图 4-25 所示。

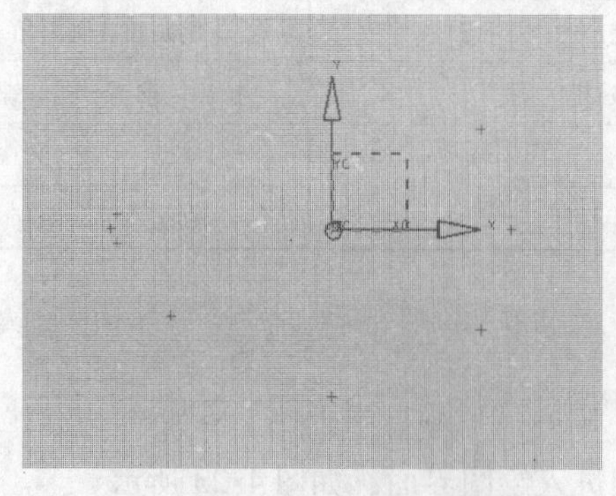

图 4-24 绘制点

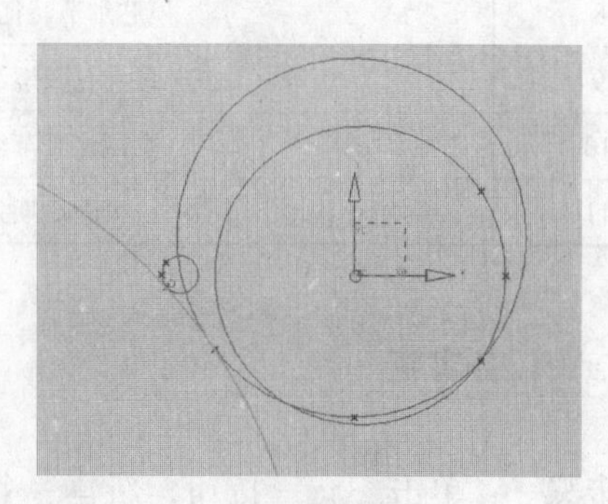

图 4-25 三点定圆

3）利用快速修剪命令对多余的线条进行修剪，完成后如图 4-26 所示。

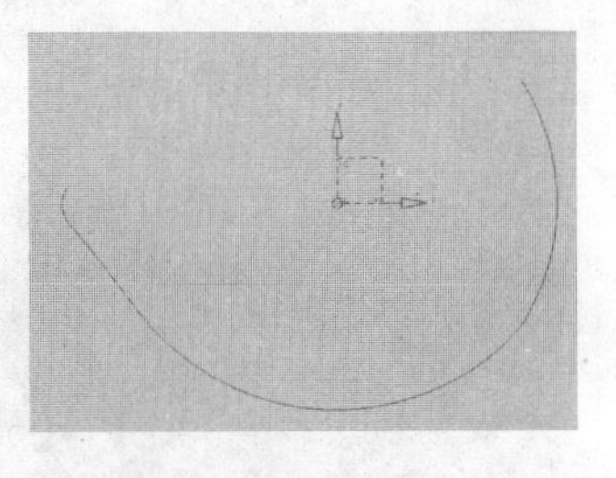
图 4-26　修剪后效果图

4）使用镜像曲线命令对对称图形进行镜像，具步骤如下：

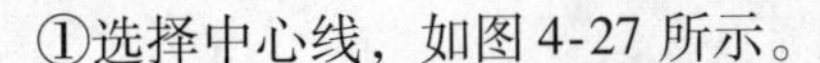

①选择中心线，如图 4-27 所示。

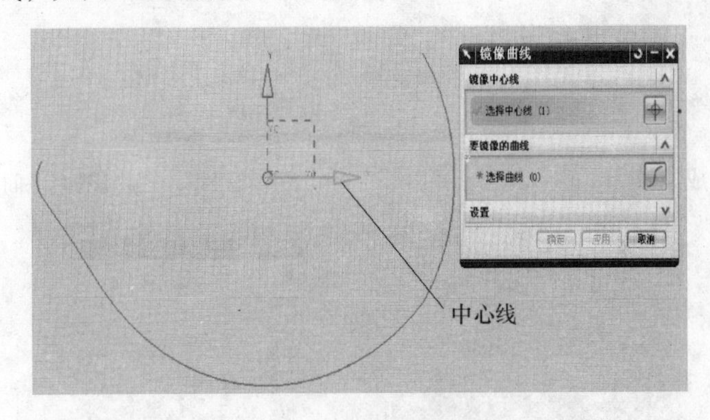

图 4-27　选择中心线

②选择需要镜像的曲线，如图 4-28 所示。

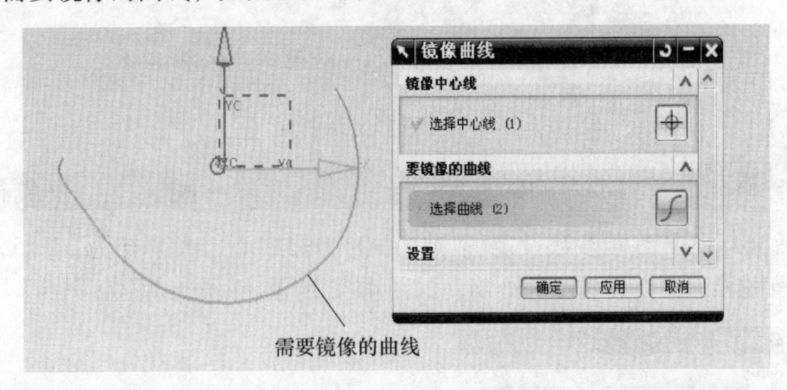

图 4-28　选择镜像曲线

③单击 确定 按钮完成操作，如图 4-29 所示，并退出草图命令。

步骤三：绘制模芯顶部曲线。

1）创建基准平面。根据图样参数，使用 按某一距离 命令将所需平面建立在距离原始坐标平面 30. 8 之上，单击 确定 按钮完成操作，如图 4-30 所示。

2）单击按钮，选择步骤一绘制的平面为绘图平面（4-31），单击 确定 按钮进入草图。

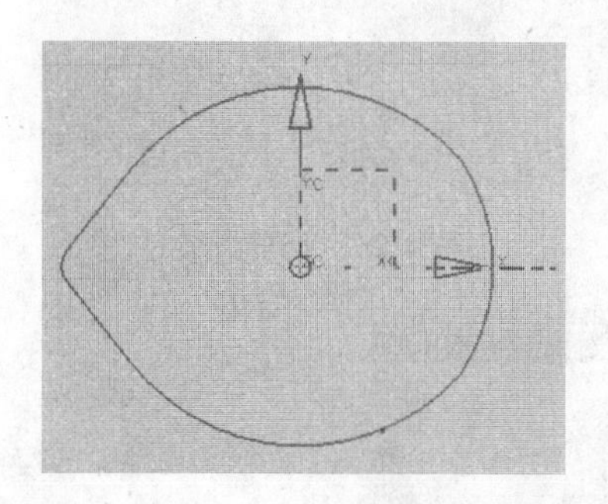

图 4-29　完成镜像

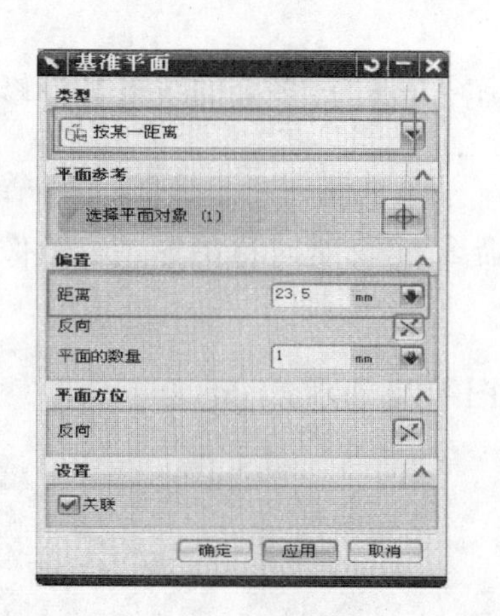

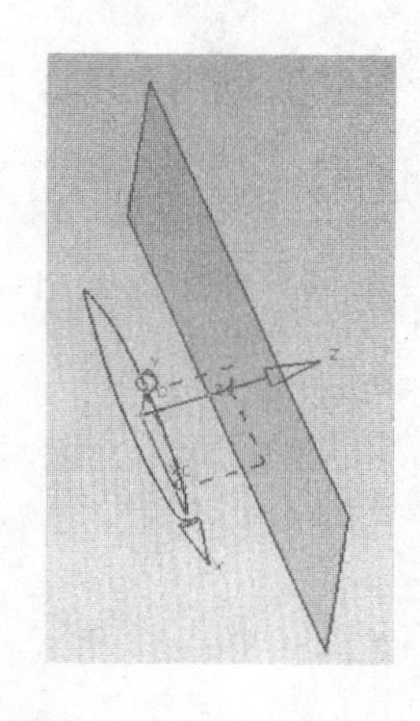

图 4-30　选择基准平面

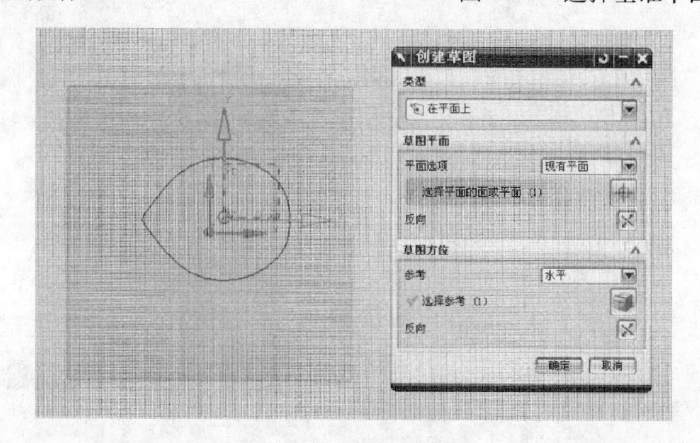

图 4-31　选择绘制平面

3）单击【插入(S)】下拉菜单中的【曲线(C)】→【椭圆(E)...】命令，进入【椭圆】对话框，根据图样参数设定椭圆中心为坐标中心，大半径为 27. 25，小半径为 22. 5，退出草图界面，完成椭圆的绘制，如图 4-32 所示。

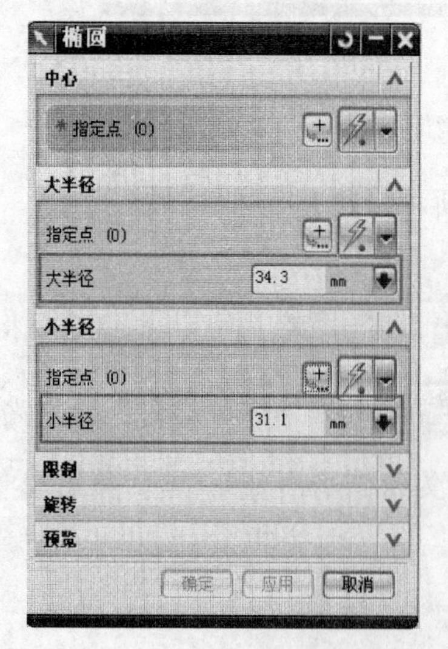

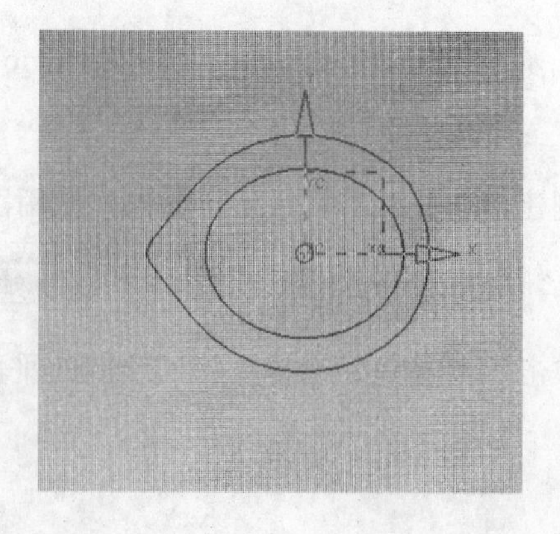

图 4-32　绘制椭圆

步骤四：绘制引导线串。

1）单击按钮，选择 xc-zc 平面为绘图平面（图4-33），然后单击 确定 按钮进入草图。

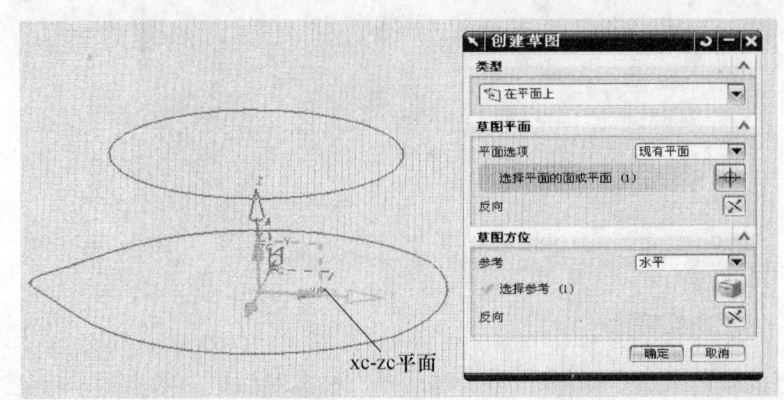

图 4-33　选择绘图平面

2）单击圆弧按钮 绘制圆弧截面线，选择上椭圆的象限点 A，再选择下圆弧的象限点 B，给定半径为 51，完成圆弧的绘制，如图 4-34 所示。

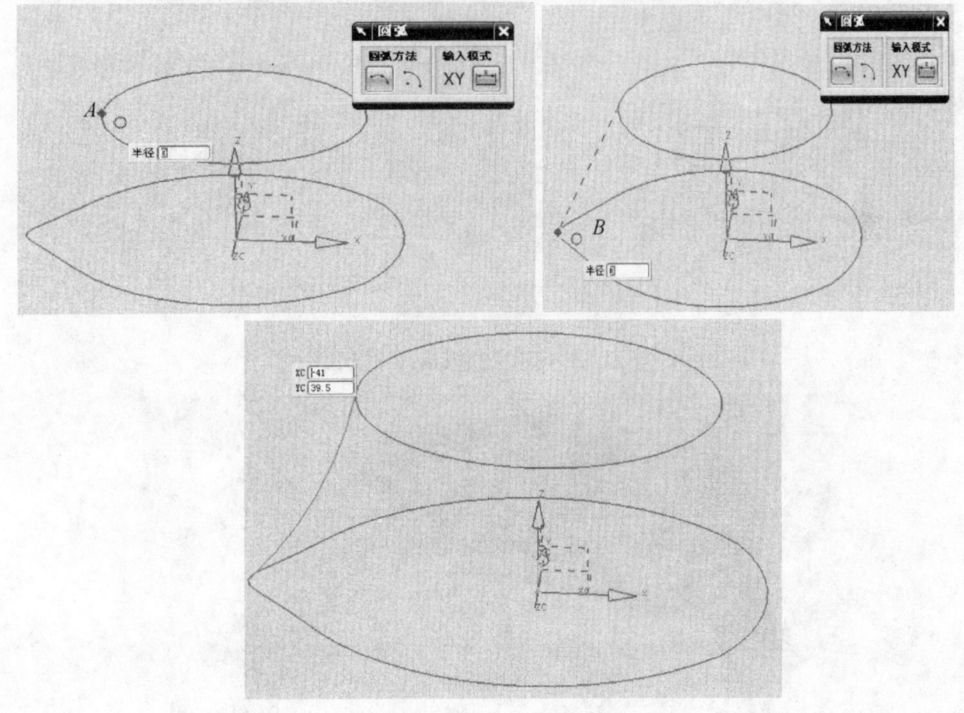

图 4-34　圆弧的绘制过程

3）单击按钮，选择 xc-zc 平面为绘图平面，然后单击 确定 按钮进入草图，绘制截面线，再单击 按钮，绘制直线，完成草图绘制，如图 4-35 所示。

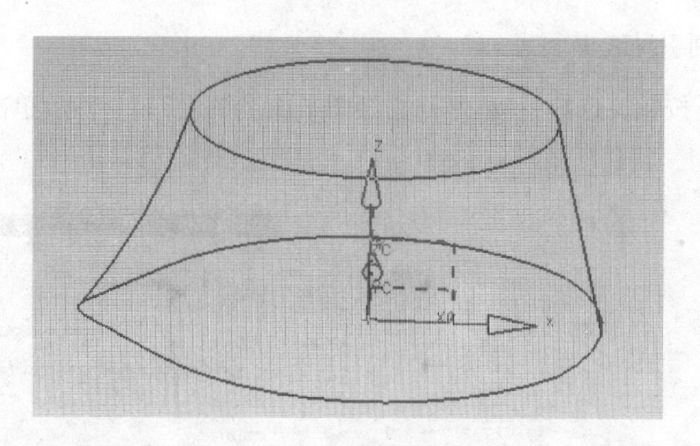

图 4-35　完成草图绘制

步骤五：创建曲面特征

单击通过曲线网格命令，弹出对话框，根据对话框中的指示，首先选择主曲线（每选择一条都应按鼠标中键确定），如图 4-36 所示，再依次选择交叉曲线，如图 4-37所示，然后单击 确定 按钮完成造型，如图 4-38 所示。

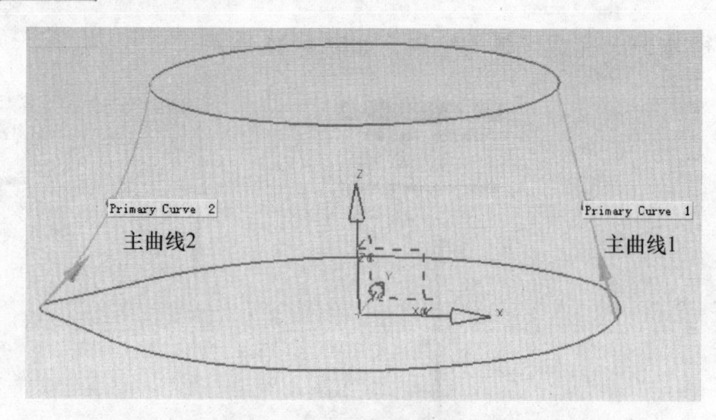

图 4-36　曲线选择

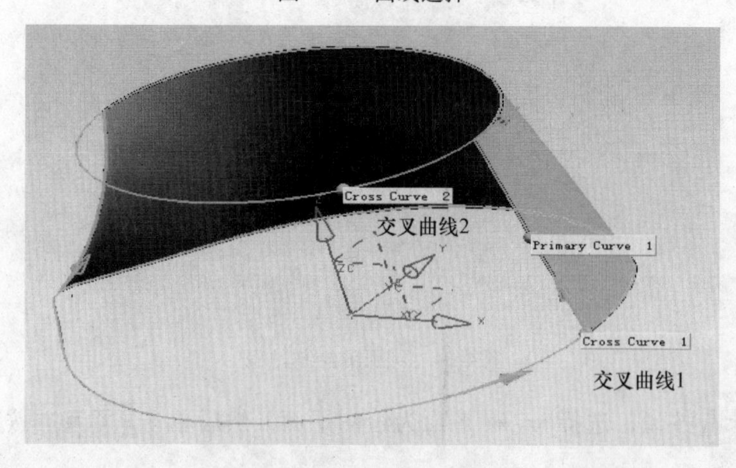

图 4-37　交叉曲线选择

使用同样的方法完成另一边的造型，如图 4-39 所示。

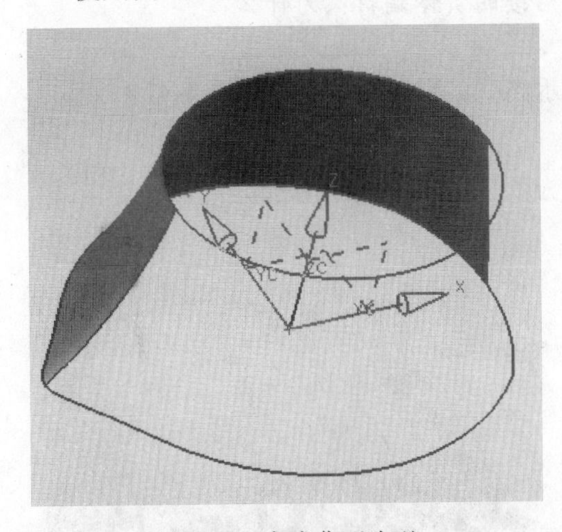

图 4-38　完成曲面造型

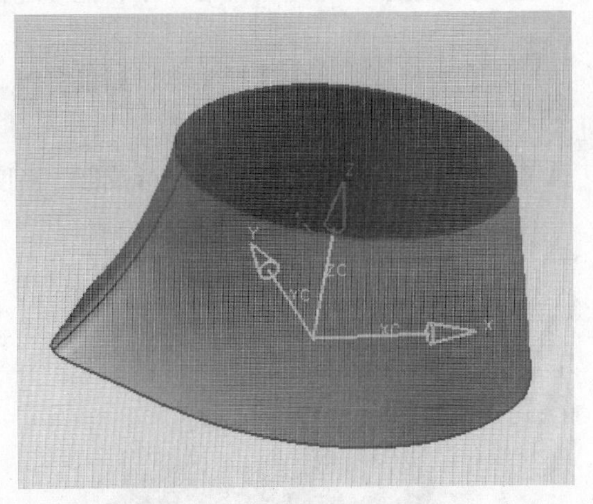

图 4-39　完成另一边的曲面

步骤六：将曲面特征转换为实体。

1）单击有界平面命令 ，将上截面和下截面做成封闭的片体，如图 4-40 所示。

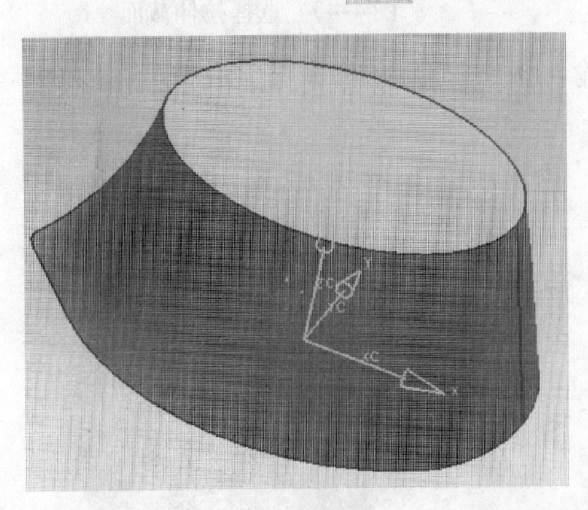

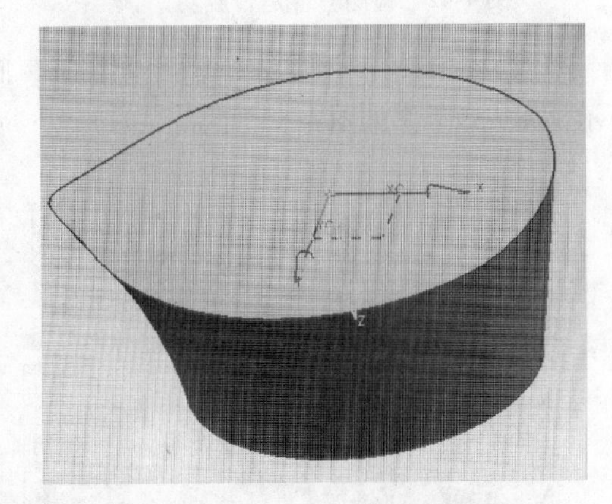

图 4-40　创建有界平面

2）将片体转换为实体：单击缝合命令 ，选择需要转换的片体，如图 4-41 所示。

图 4-41　选择片体

思考问题： 如果不用缝合命令，能否进行后续的实体编辑？为什么？

3）在类型过滤器中选择实体，如果实体显示高亮，则转换成功，如图 4-42 所示。

步骤七：创建模芯底座。

1）单击命令，对实体底部进行拉伸，高度为 7.7，如图 4-43 所示。

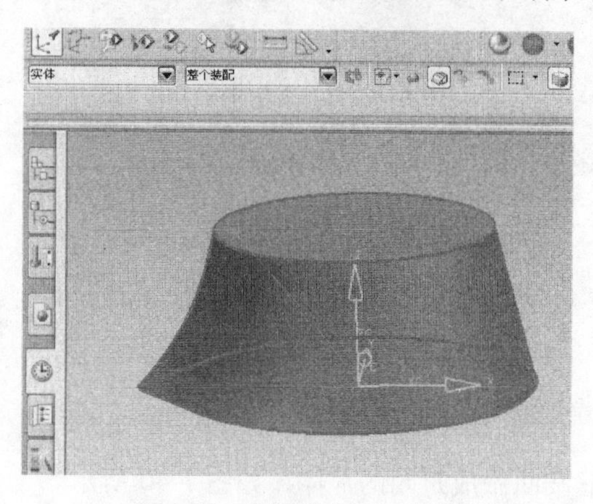

图 4-42　检测缝合是否成功

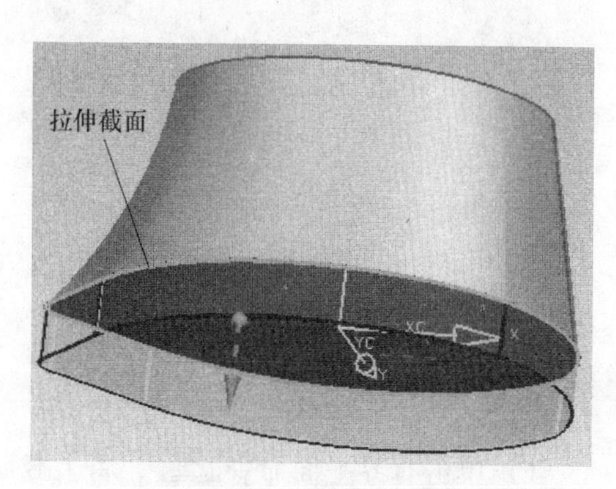

图 4-43　选择拉伸截面

2）在【偏置】对话框中选择单侧偏置，输入 0.5，使用求和命令完成拉伸，如图 4-44 所示，完成效果图如图 4-45 所示。

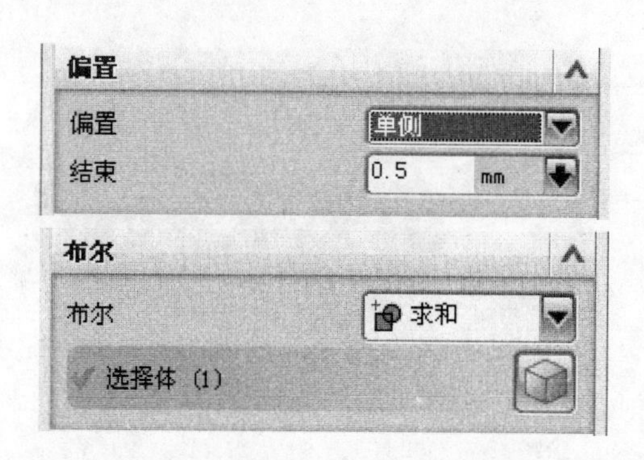

图 4-44　使用求和命令完成拉伸

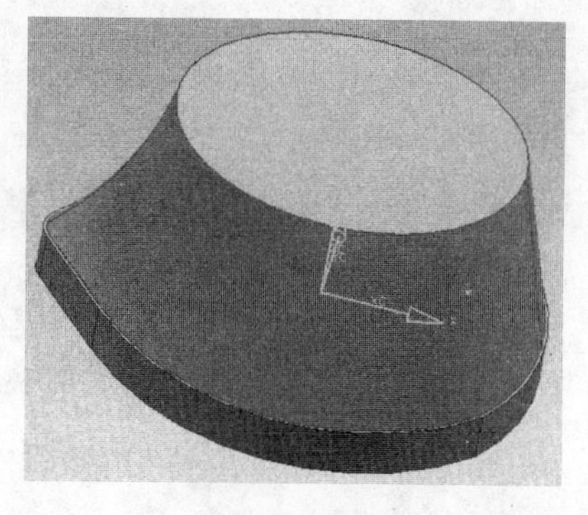

图 4-45　效果图

步骤八：模芯顶尖孔及螺纹孔的建模。

（1）顶尖孔的绘制

1）单击命令，选择实体上截面为绘图平面，进入草图绘制，如图 4-46 所示。

2）单击命令，绘制 5 个直径为 5 的顶尖孔，如图 4-47 所示。孔中心坐标分别为（0，0）、（12，12）、（−12，12）、（12，−12）和（−12，−12）。

3）单击 完成草图 按钮，输入拉伸高度为 38.5，且使用布尔运算求差，完成顶尖孔的创建，如图 4-48 所示。

图4-46　选取绘图平面

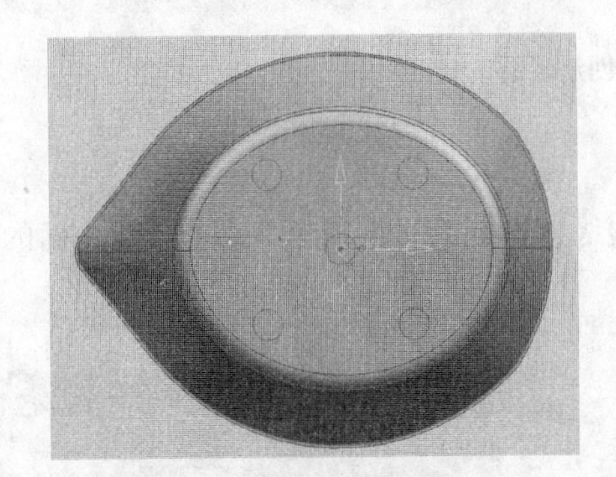

图4-47　绘制顶尖孔

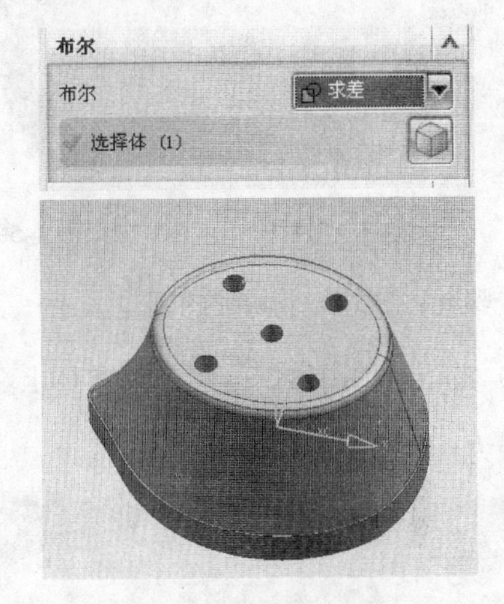

图4-48　完成顶尖孔的创建

(2) 绘制两个螺纹孔。直径为4.2，拉伸高度为23（需使用命令进行尺寸标注，绘制截面应选择底截面），如图4-49所示。

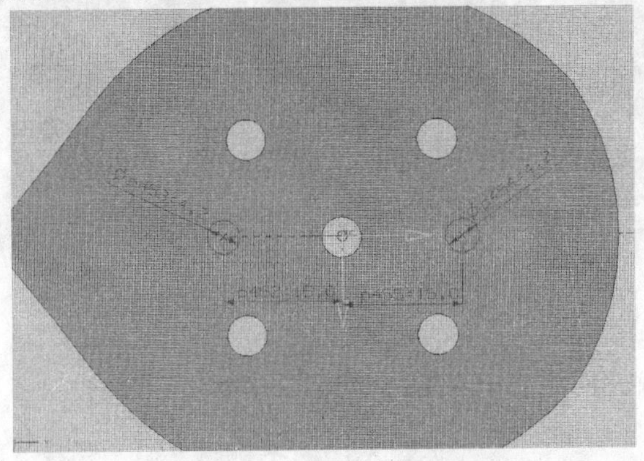

图4-49　螺纹孔放置位

单击螺纹命令，在弹出的对话框中选择

选项，然后单击需要加工的孔（每个孔都需单独操作），完成后单击 确定 按钮，完成操作后如图 4-50 所示。

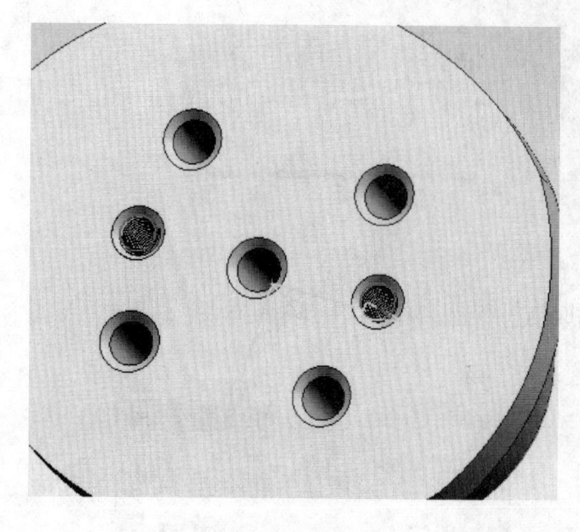
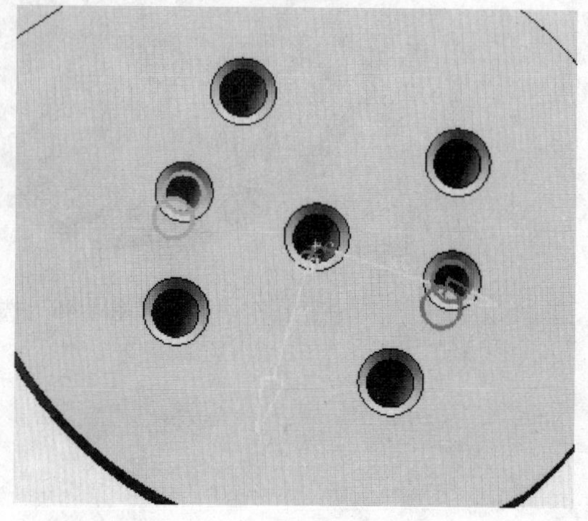

图 4-50　创建螺纹

步骤九：模芯细节特征的创建。

1）单击边倒圆命令，对实体上端边缘进行倒圆，半径为 3，平面与曲面的连接边半径为 0.5，如图 4-51 所示。

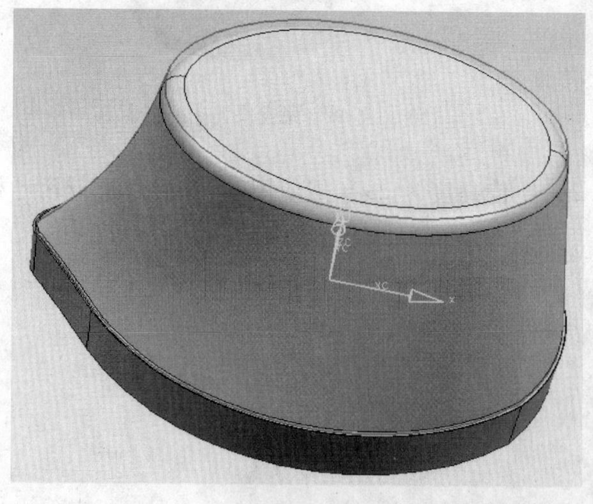
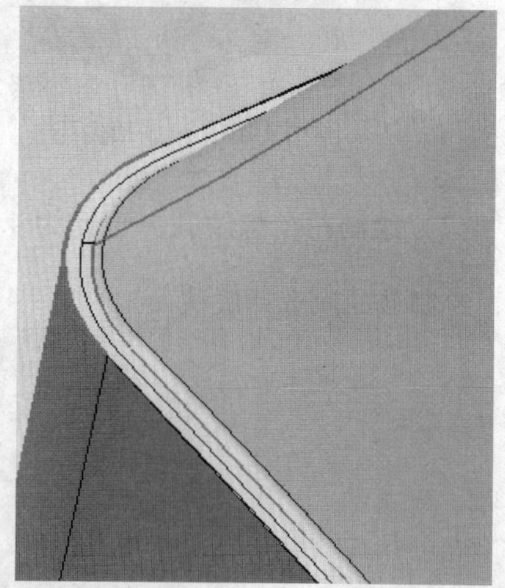

图 4-51　边倒圆

2）根据图样要求，使用斜倒角命令，对零件中的顶尖孔及螺纹孔进行倒角，如图 4-52 所示。

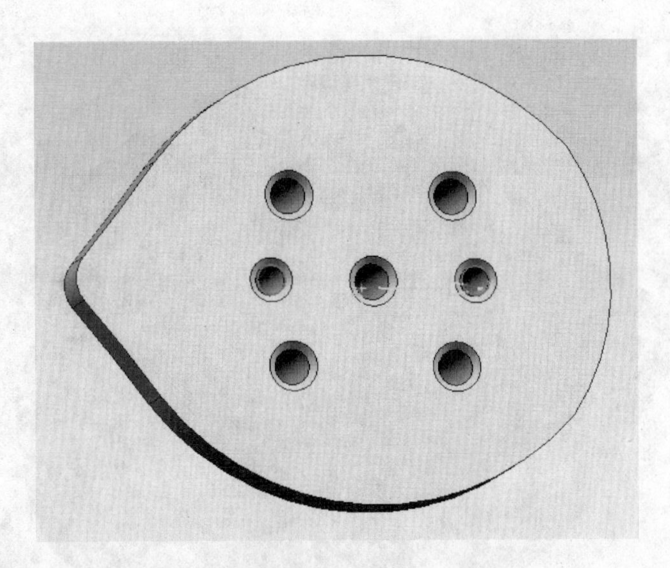

图 4-52　斜倒角

步骤十：隐藏多余的草绘曲线。

使用图层功能将草绘曲线及相对坐标进行隐藏，最终效果如图 4-53 所示。

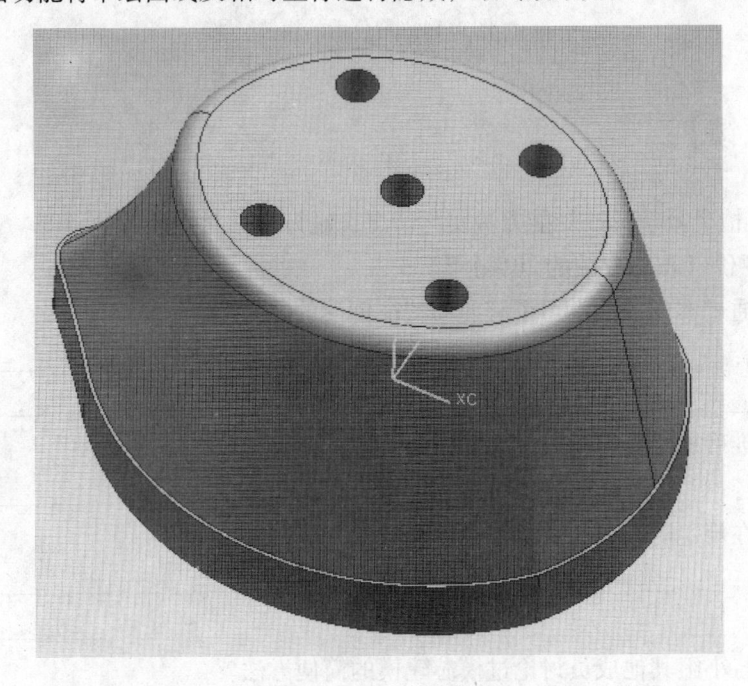

图 4-53　隐藏草绘曲线

步骤十一：模芯后期处理。

为使零件表示得更加真实，一般会使用真实着色命令 真实着色编辑器...（或单击按钮）进行着色。如图 4-54 所示为着色后的模芯。

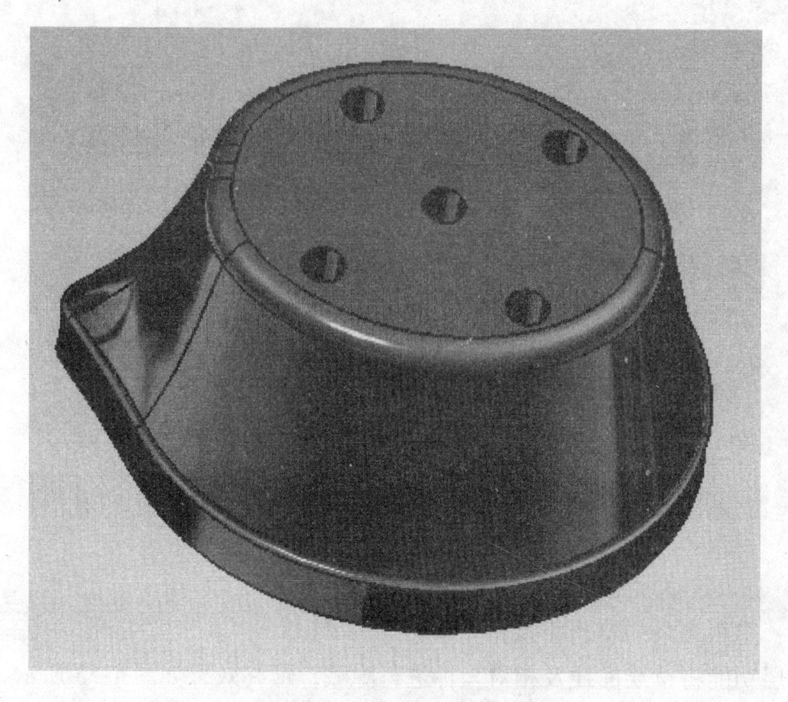

图 4-54　着色后的模芯

【评价与反馈】

根据建模情况及学员接受能力等实际情况，制订有针对性的评价制度。

1. 自我评价（占总成绩的 20%）

1）能否通过本任务的学习了解曲面特征创建的基本要素？

评价情况：____

____

2）能否准确地绘制出哈夫模芯的四条线串？

评价情况：____

3）能否在规定时间内完成该零件的建模？

评价情况：____

____

4）是否与小组其他成员讨论过模芯建模的简便方法？

评价情况：____

____

____

签名：__________　　　　______年______月______日

2. 小组互评（占总成绩的 30%）

进行互评并填写小组互评表，见表 4-2。

表 4-2　小组互评表

被评小组名称：		
被评小组成员：		
序号	**评价项目**	**评价（1～25）**
1	对命令的掌握是否牢固	
2	制订的计划是否能顺利完成建模	
3	完成图形绘制时，是否出现图形或尺寸的错误	
4	是否能在规定时间内完成工作任务	
	合计	

参与评价的同学签名：＿＿＿＿＿＿　　＿＿＿年＿＿＿月＿＿＿日

3. 教师评价（占总成绩的50%）

在教师引导下根据表现由小组进行评价，再由指导教师给出考核结果，并填写表4-3。

表 4-3　考核结果表（教师填写）

<table>
<tr><td rowspan="2">单位名称</td><td rowspan="2">广州市机电技师学院</td><td>班级学号</td><td></td><td>姓名</td><td></td><td>成绩</td><td></td></tr>
<tr><td>图样编号</td><td></td><td>图样名称</td><td colspan="3"></td></tr>
<tr><td>序号</td><td>评价项目</td><td colspan="2">考核内容</td><td colspan="2">所占比率（%）</td><td colspan="2">得分</td></tr>
<tr><td>1</td><td>识读零件的三视图</td><td colspan="2">零件图的识读</td><td colspan="2">15</td><td colspan="2"></td></tr>
<tr><td>2</td><td>完成习题情况</td><td colspan="2">本任务的学习内容</td><td colspan="2">25</td><td colspan="2"></td></tr>
<tr><td>3</td><td>命令的掌握程度</td><td colspan="2">考验学生对本任务学习的命令的掌握程度</td><td colspan="2">25</td><td colspan="2"></td></tr>
<tr><td>4</td><td>零件图的绘制是否正确</td><td colspan="2">参照绘制的零件图检查本次学习任务的完成情况</td><td colspan="2">20</td><td colspan="2"></td></tr>
<tr><td>5</td><td>团队协作精神</td><td colspan="2">能与小组成员和谐相处，互相学习，互相帮助，不一意孤行（团队合作精神）</td><td colspan="2">15</td><td colspan="2"></td></tr>
<tr><td colspan="4">合计</td><td colspan="2">100</td><td colspan="2"></td></tr>
</table>

教师签名：＿＿＿＿＿＿　　＿＿＿年＿＿＿月＿＿＿日

[拓展任务]

哈夫滑块的建模

引导问题　通过本任务所学的知识，我们了解了曲面是由主线串和引导线串两个重要部分组成的，主线串和引导线串也可以由多条曲线构成。那么，是否也能用曲面功能完成内部特征的创建？

下面以哈夫滑块（图4-55）为例，请同学们自行完成该模型的建模。

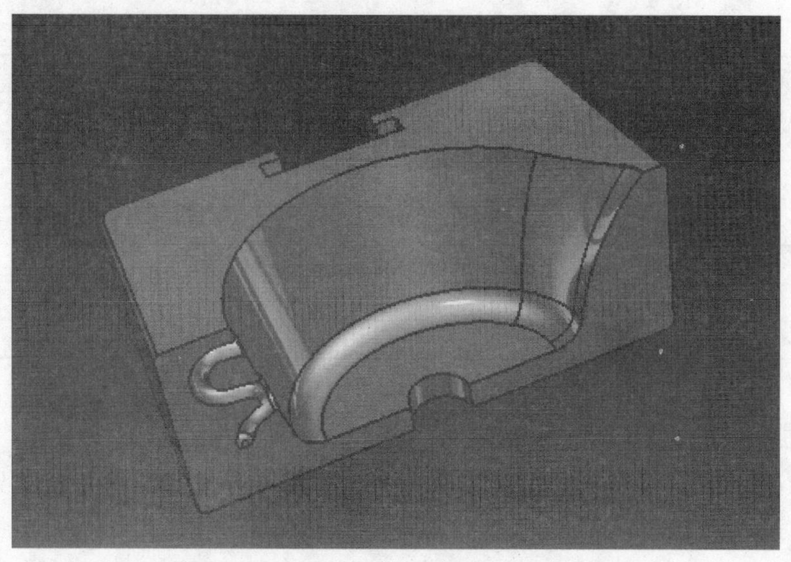

图 4-55　哈夫滑块

1）通过对本任务的学习，掌握了哪些命令？

2）如何根据前面所学知识来完成该滑块的建模？

一、分析图样

分析如图 4-56 所示的哈夫滑块零件图，可获得以下参数信息。

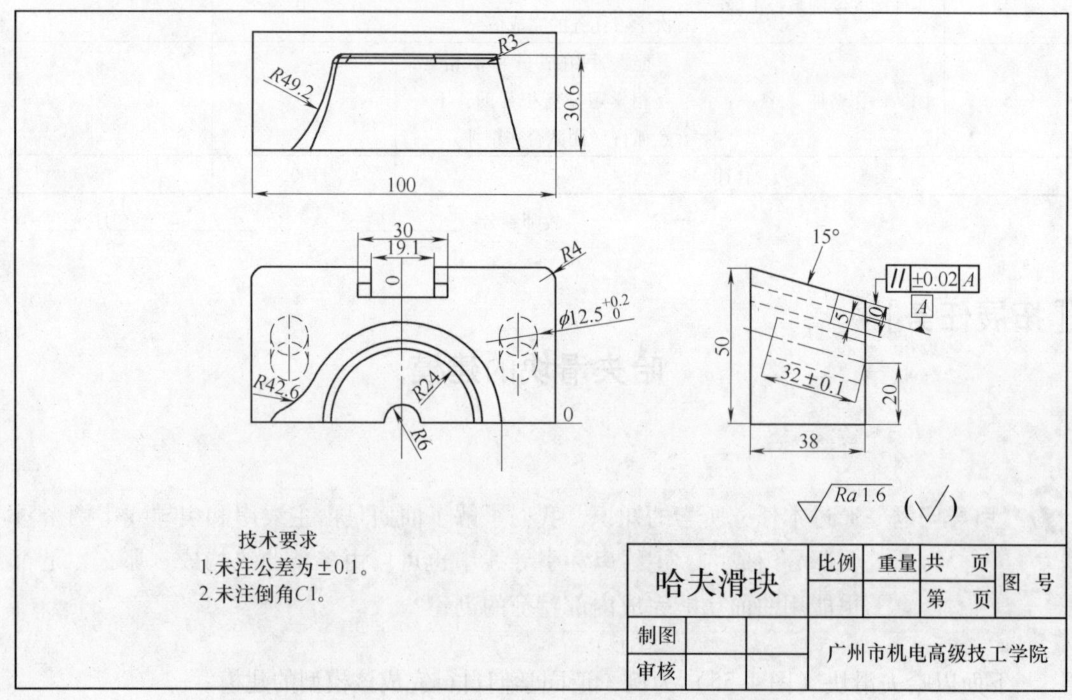

图 4-56　哈夫滑块零件图

1）滑块的外形尺寸：滑块长度_________，最大宽度_________，高度_________。

2）图样分析：图中 $C1$ 表示_________，±0.1 表示_________。

二、哈夫滑块建模的实施过程

根据图样及计划，结合本任务所学的所有命令，逐步进行操作，最终完成哈夫滑块的建模，如图 4-57 所示。

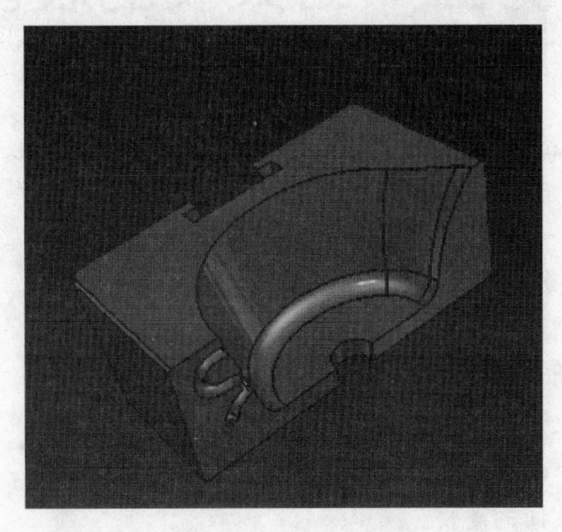

图 4-57　哈夫滑块

请同学们自行完成哈夫滑块的建模，并保存图档。

学习任务五　哈夫模的装配及出图

学习目标

完成本学习任务后，应当具备以下技能。

1）能通过查阅资料或者观看教学视频设置装配导航器。

2）能通过查阅资料或者观看教学视频使用装配约束。

3）能自底向上进行装配。

4）能自顶向下进行装配。

5）能进行部件间的建模。

6）能创建爆炸视图。

7）能进行工程图的创建与编辑。

8）会进行视图的创建。

9）会进行视图的编辑。

10）会使用参数预设值。

11）能在教师的指导下，独立或以小组工作的方式完成哈夫模的装配及出图。

建议学时　20学时。

内容结构

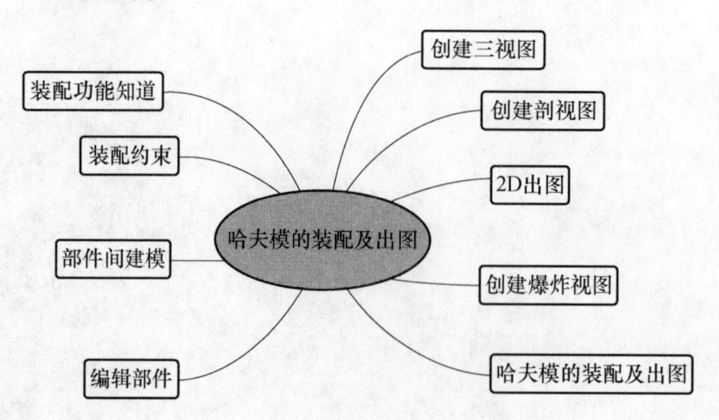

任务描述

某模具设计公司委托我校完成模具组件装配的任务，要求使用 UGNX6.0 软件进行操作。根据装配图要求进行模具零件的装配、新装配图的导出并制作爆炸图，工时为两天，尺寸需严格按照图样要求。任务完成后，提交 UG 装配图、爆炸图及模具工程图。

【学习准备】

引导问题　在使用 UG 软件建模时，零件都是单个绘制。那么在 UG 软件中是否可以将单一的零件装配成一套模具?

一、学习任务类比

模具的装配类似于积木的组合。木工师傅用其独特的工具加工出各种形状的积木“组件”，然后再将其有序地组装在一起形成各式各样的图形（图 5-1）。当我们任意修改其中一块积木的外形时，整个装配图也会随之改变。

模具的组装与搭积木的道理相同。我们用 UG 建模软件绘制出各种所需的模具零件，再根据工程图有序地将各个组件装配到一起。当我们发现其中一个组件尺寸有误时，应单独对其进行修改，否则整个模具装配图的外形也会发生改变。

生活中还有哪些例子与模具装配类似？请举例说明。

图 5-1　积木

本次学习的重点是将之前所绘制的所有组件有序地组合到一起，那么

1）以积木为例，单个积木与整套积木的关系类似于 UG 装配中的____。

2）修改一块积木的外形对整套积木的装配是否有影响？____。

二、分析图样

分析如图 5-2 所示的哈夫模装配图，可获得以下参数信息。

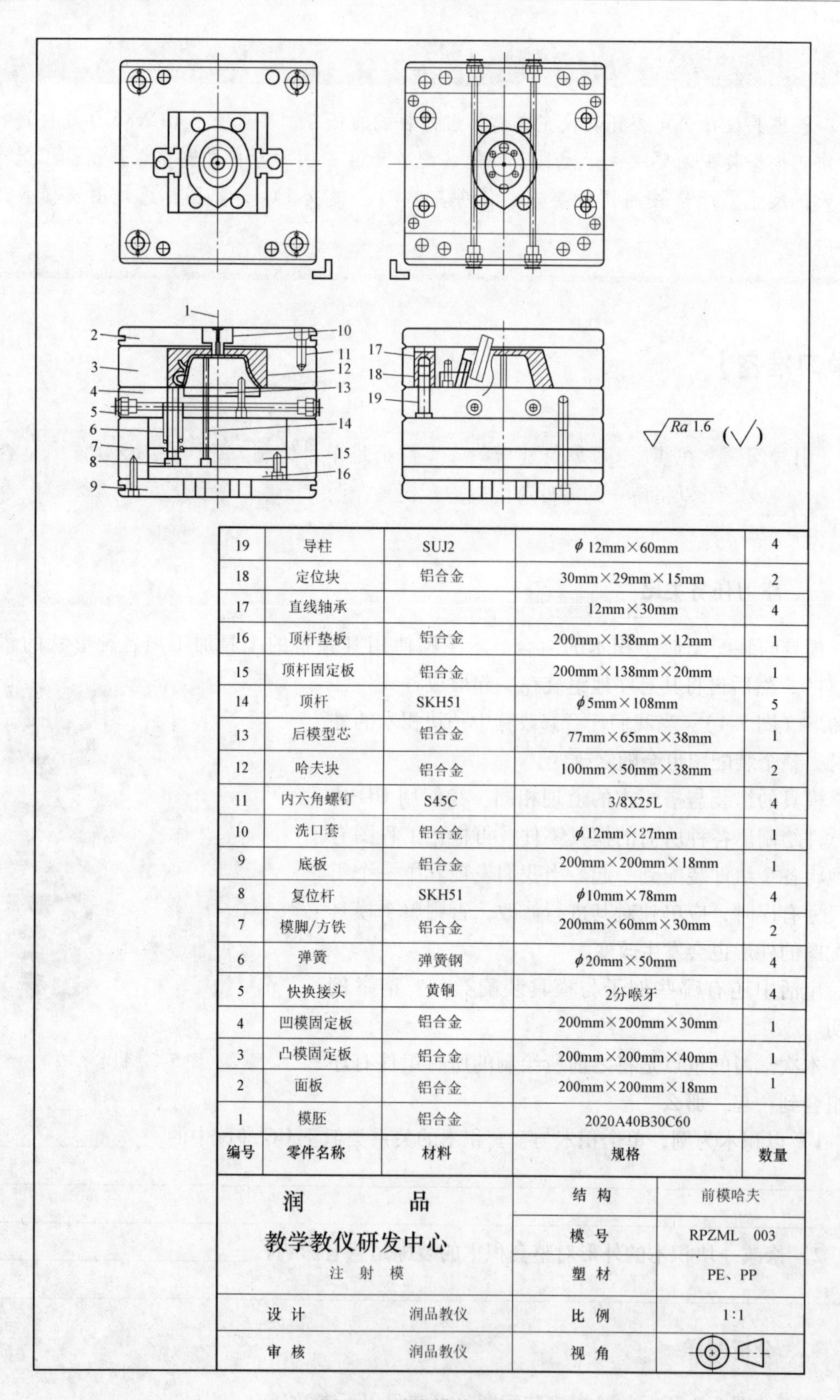

编号	零件名称	材料	规格	数量
19	导柱	SUJ2	ϕ12mm×60mm	4
18	定位块	铝合金	30mm×29mm×15mm	2
17	直线轴承		12mm×30mm	4
16	顶杆垫板	铝合金	200mm×138mm×12mm	1
15	顶杆固定板	铝合金	200mm×138mm×20mm	1
14	顶杆	SKH51	ϕ5mm×108mm	5
13	后模型芯	铝合金	77mm×65mm×38mm	1
12	哈夫块	铝合金	100mm×50mm×38mm	2
11	内六角螺钉	S45C	3/8X25L	4
10	浇口套	铝合金	ϕ12mm×27mm	1
9	底板	铝合金	200mm×200mm×18mm	1
8	复位杆	SKH51	ϕ10mm×78mm	4
7	模脚/方铁	铝合金	200mm×60mm×30mm	2
6	弹簧	弹簧钢	ϕ20mm×50mm	4
5	快换接头	黄铜	2分喉牙	4
4	凹模固定板	铝合金	200mm×200mm×30mm	1
3	凸模固定板	铝合金	200mm×200mm×40mm	1
2	面板	铝合金	200mm×200mm×18mm	1
1	模胚	铝合金	2020A40B30C60	

润　　品 教学教仪研发中心 注射模		结构	前模哈夫
		模号	RPZML 003
		塑材	PE、PP
设计	润品教仪	比例	1:1
审核	润品教仪	视角	

图 5-2　哈夫模装配图

1）面板与快换接头的材料分别是________________________。
2）模具装配图中，必须具备________________________。
3）装配图中，中心线的作用是________________________。
4）图中使用哪种方式绘制剖视图________________________。
5）剖面线的作用是________________________。

引导问题　在实际模具装配中，常常需要利用辅助工具来完成模具的装配。那么在UG软件中，是否也有类似的辅助命令？

在模具的装配、图样导出及创建爆炸图的过程中，我们需要了解如何将前几个任务中创建的零件有序地组装到一起，如何创建模具2D工程图及其剖视图以及哪些命令能有效地帮助我们完成这些操作。

1）装配的概念：指在装配过程中建立部件之间的相对位置关系，一般由部件和子装配组成。子装配是在高一级装配中被用作组件的装配。子装配也可以拥有自己的子装配，子装配是相对于引用它的高一级装配来说的。

一个产品（组件）往往是由多个零件组合（装配）而成的，装配块用来建立部件间的相对位置关系，从而形成复杂的装配体。部件间的位置关系的确定主要通过添加约束来实现。

2）在空间中将一个物体完全约束最少需要__________个约束条件（可以通过空间坐标系由几条轴构成来判断）。

三、模具装配命令

1. 添加部件

部件的装配一般有两种基本方式：自底向上装配和自顶向下装配。如果首先设计好全部部件，然后将部件作为组件添加到装配体中，则称为自底向上装配；如果首先设计好装配体模型，然后再装配体中创建组件模型，然后生成部件模型，则称之为自顶向下装配。

新建文件，单击 按钮，在弹出的【新建】对话框中选择 装配 模板，再单击【确定】按钮，系统弹出【添加组件】对话框，如图5-3所示，其各区域的功能如下：

1） **部件** 区域：用于从硬盘中选取部件或选取已经加载的部件。其中 最近访问的部件 文本框中的部件是在装配模式下最近打开过的部件； 打开 按钮 可以从硬盘中选取要装配的部件。

2） **放置** 区域：该区域中包含一个 定位 下拉列表，通过此下拉列表可以指定部件在装配体中的位置。其中 通过约束 指在把添加组件和添加约束放在同一个命令中进行时，选择该选项并单击【确定】按钮，系统弹出【装配约束】对话框，完成装配约束定义。

3） **复制** 可以将选取的部件在装配中创建重复和组件阵列。

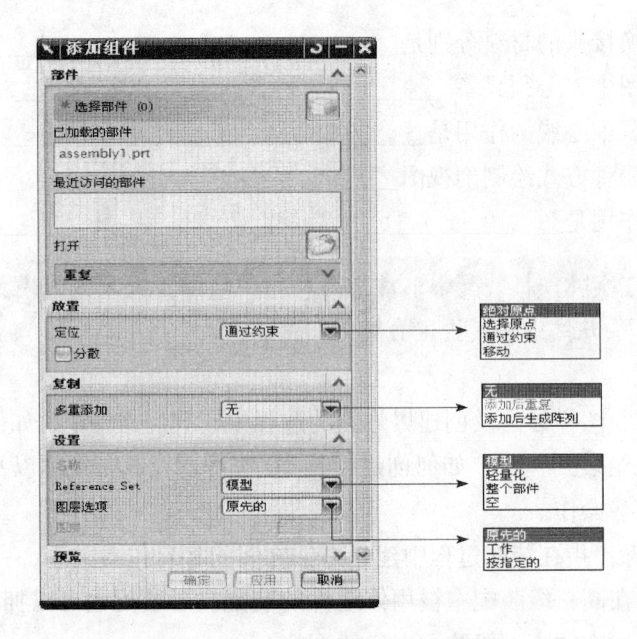

图 5-3 【添加组件】对话框

添加组件的一般过程为：单击 按钮，弹出硬盘导入窗口，并在硬盘中选择需要添加的组件。下面以添加 ϕ21 的导套为例，讲解组件的添加过程。

首先在硬盘窗口中找到标准件库中的导套，如图 5-4 所示，单击 OK 按钮确定所选组件，在 UG 操作界面的右下端弹出被选组件的缩略图，如图 5-5 所示。

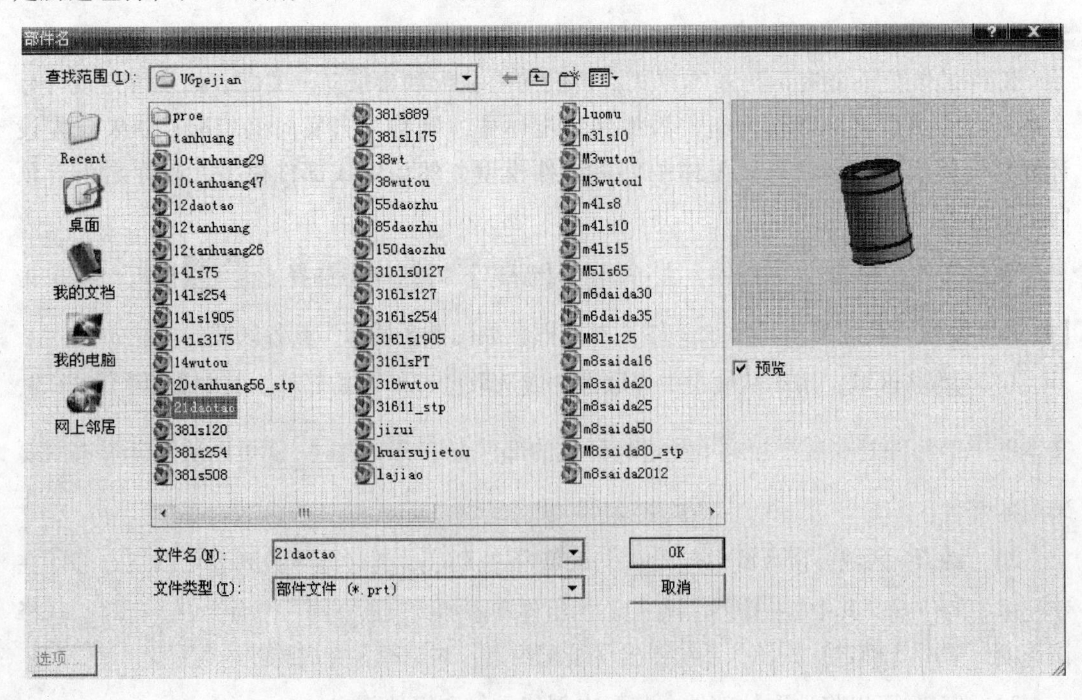

图 5-4 组件所在文件夹

图 5-5 导套

在【添加组件】窗口单击 确定 按钮完成组件的选择，并弹出装配约束窗口。

2. 装配约束

选择下拉菜单中的 装配(A) → 组件(C) → 装配约束(N)... 命令，系统弹出【装配约束对话框】，如图 5-6 所示。其 类型 下拉列表中常用选项的说明如下：

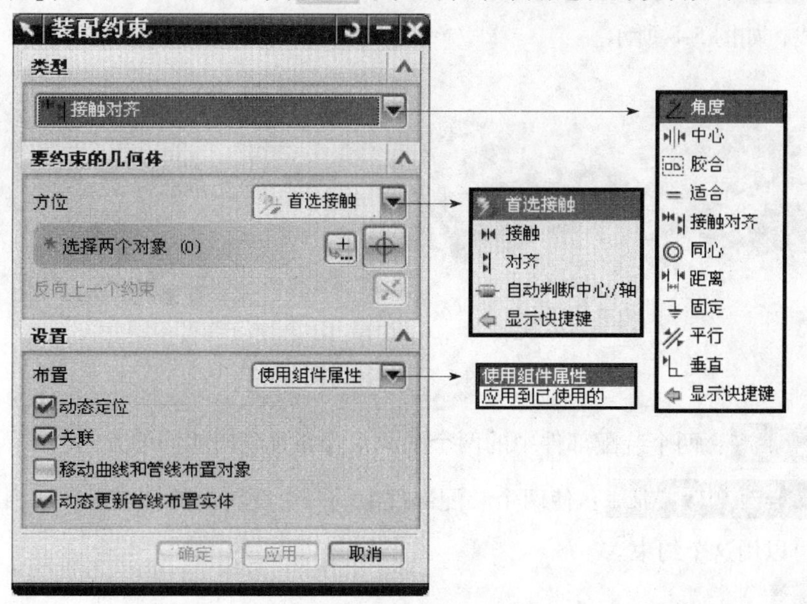

图 5-6 【装配约束】对话框

适合：该约束用于将半径相等的两个圆柱面拟合在一起。

同心：用于定义两个组件的圆形边界或椭圆边界的中心重合，并使边界共面。

接触对齐：该约束用于两个组件，使其彼此接触或对齐。当选择该约束时，会出现以下四个选项，如图 5-7 所示。

注：完成本次模具装配将主要用到以上三种约束。

图 5-7　约束类型

1）首选接触：______________________________。

2）接触：约束对象的曲面法向在相同方向上，同时也可以使其他对象接触，如直线与直线，如图 5-8 所示。

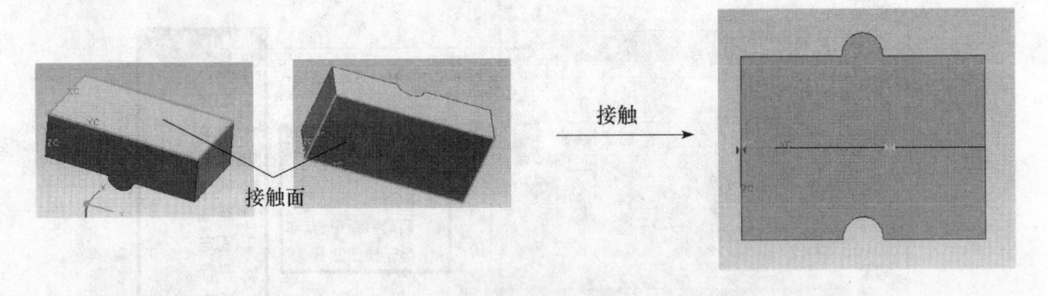

图 5-8　接触约束

3）对齐：两个装配部件中的两个平面重合并且朝向相同的方向。

4）自动判断中心/轴：使两个装配部件中的两个旋转面的轴线重合。当轴线不方便选取时，可以用这个约束。

距离______________________________。

3. 编辑装配体中的部件

装配完成后，可以对该装配体中的任何部件（包括零件盒子装配件）进行特征建模、修改尺寸等编辑操作，具体如下：

1）定义工作部件。选择部件并单击鼠标右键（或双击部件），将该部件设为工作部件，如图5-9所示，装配体中的非工作部件将变为白色，此时可以对工作部件进行编辑。

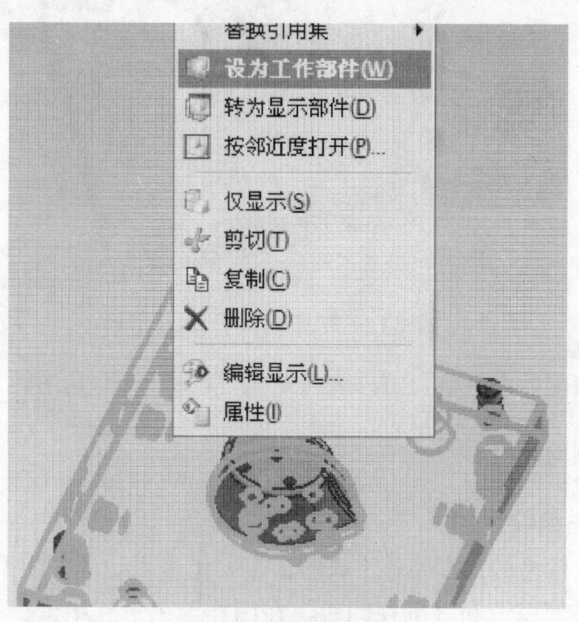

图5-9 设为工作部件

2）切换到建模环境下，选择拉伸命令，在动模板中创建一个凸台，如图5-10所示。

图5-10 凸台创建

思考问题：除了拉伸命令，还有哪些命令可以用于创建凸台？

____

____。

3）双击装配导航器中的装配体 ，可以取消组件的工作状态，如图5-11所示。

图 5-11　取消组件的工作状态

熟练运用三种装配约束将整套模具装配完成后，将进行 3D 图转 2D 图的操作。

四、模具工程图的导出

1. 视图的创建与编辑

视图是按照三位模型的投影关系生成的，主要用来表达部件模型的外部结构及形状。视图分为基本视图、剖视图和半剖视图等。在图样导出过程中，首先需选择合适的主视角，并根据主视角创建俯视图或左视图，并根据工程图的实际需要创建。

（1）视图的创建

1）进入建模环境，选择下拉菜单中的 开始 → 制图(D)... 命令，弹出【工作表】对话框，如图 5-12 所示。

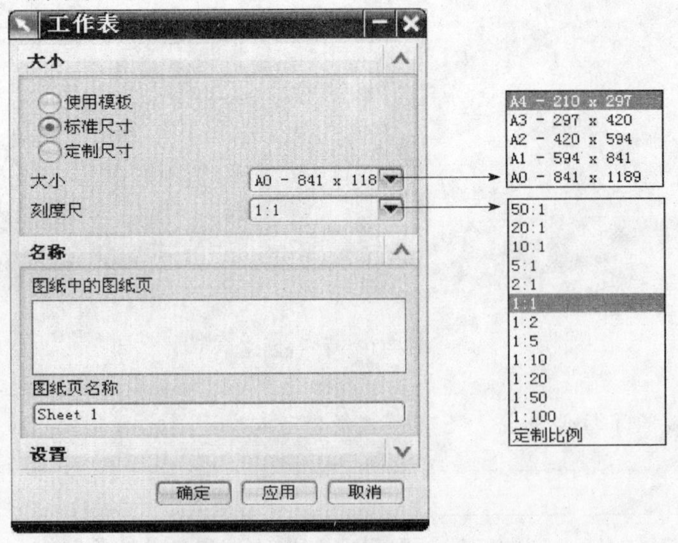

图 5-12　【工作表】对话框

2）使用默认参数，单击 确定 按钮，出现【基本视图】对话框，如图 5-13 所示。

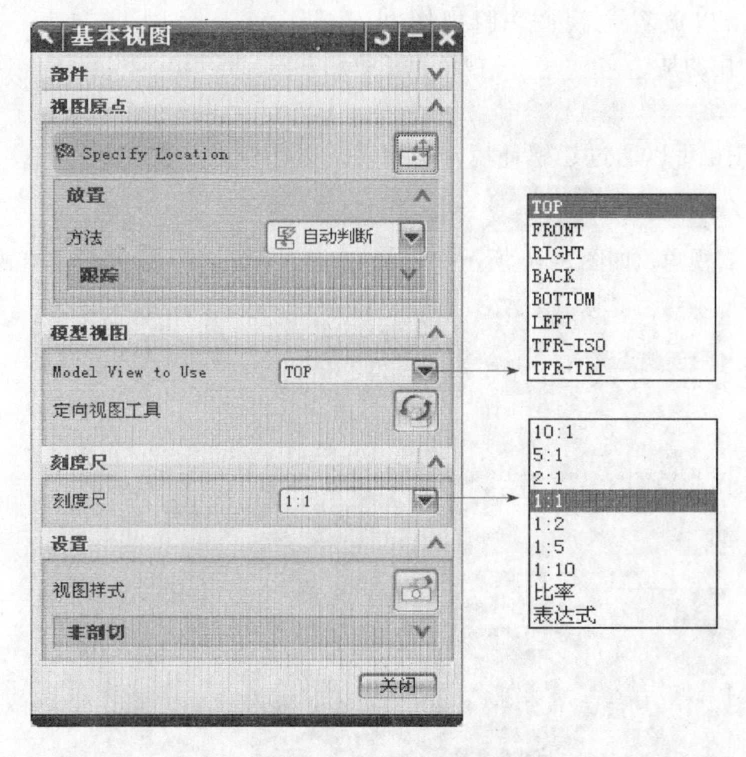

图 5-13　【基本视图】对话框

3）单击【模型视图】中的，定向视图工具，弹出【定向视图】对话框，在框内拖动鼠标调节至合适的主视角，如图 5-14 所示。

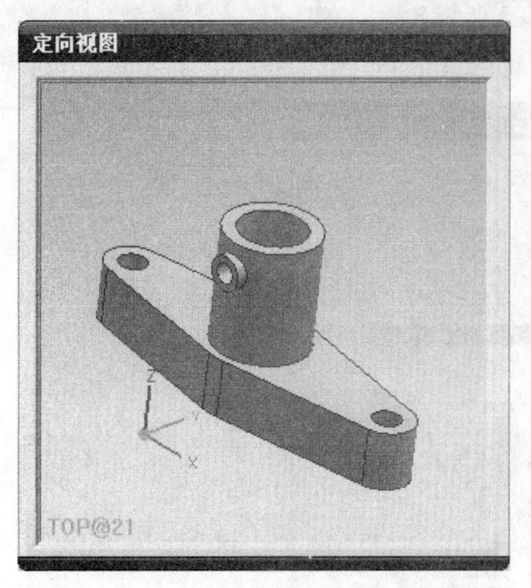

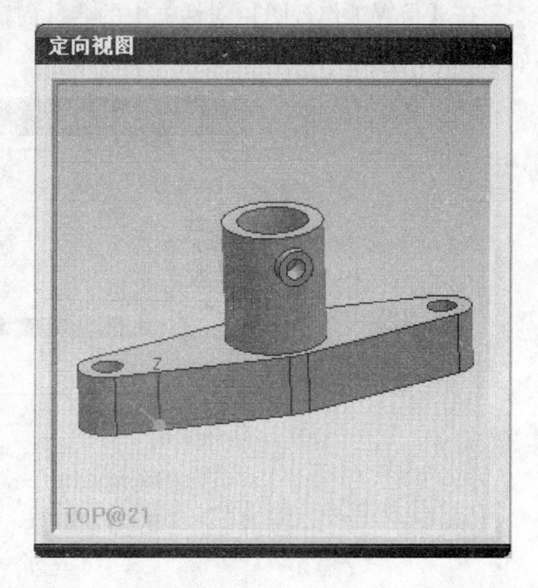

图 5-14　【定向视图】对话框

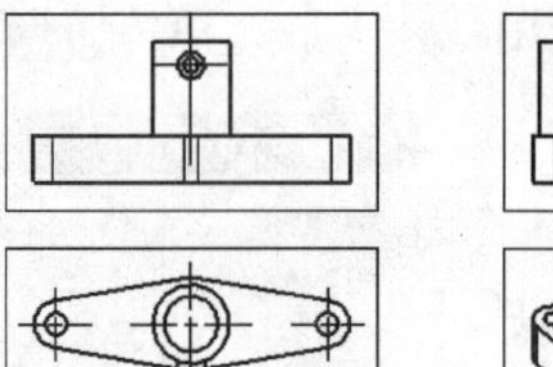

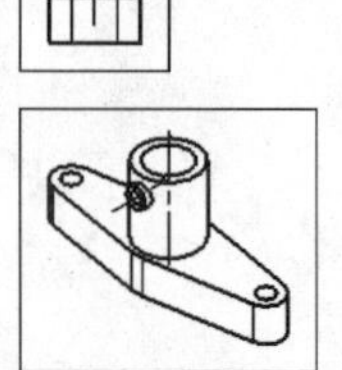

图5-15　图样放置位

4）调整视角后，放置视图，在图形区中的合适位置依次单击以放置主视图、俯视图和左视图。图5-15所示使用的是＿＿＿＿＿＿视角，正等测视图创建完成。

5）主视图也可以通过建模环境确定视角，选择下拉菜单中的 视图(V) → 操作(O) → 另存为(A)... 命令，保存所需视角，如图5-16所示。

图5-16　保存所需视角

在【保存工作视图】对话框中的名称内输入所需名称，单击【确定】按钮完成操作，如图5-17所示。

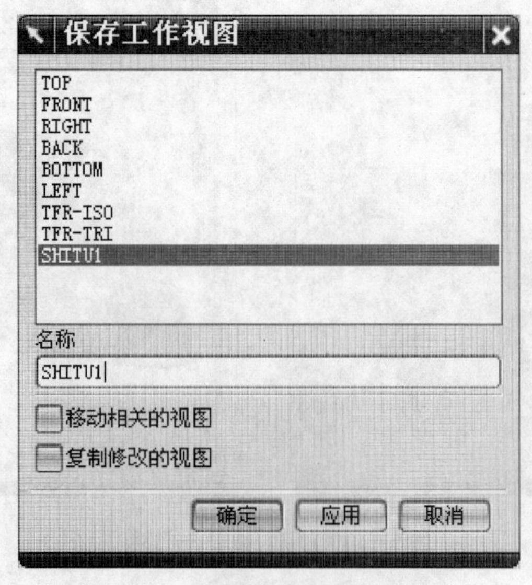

图5-17　【保存工作视图】对话框

进入制图环境，在【基本视图】对话框的模型视图中选择所保存的视图，放置视图，如图5-18所示。

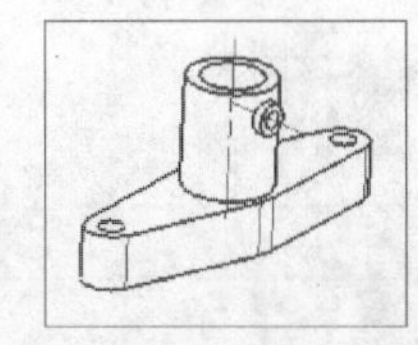
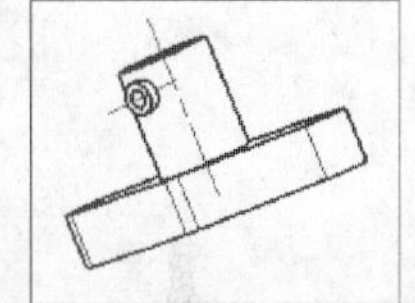
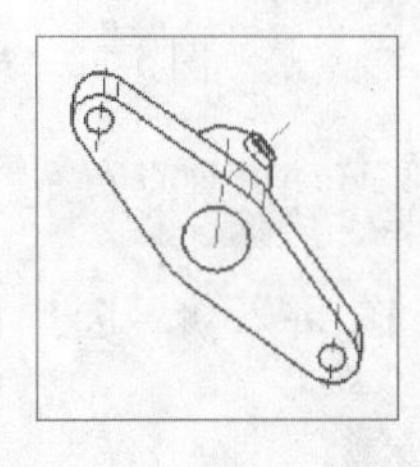

图5-18　视图的选择及摆放

6）剖视图的作用是________________，其创建方法如下

选择下拉菜单中的 插入(S) → 视图(W) → 剖视图(S)... 命令（或单击【图纸】工具条中的按钮），弹出【剖视图】对话框，如图5-19所示。

选择需要剖切的视图，定义剖切的位置（参考点），如图5-20所示。

图5-19　【剖视图】对话框

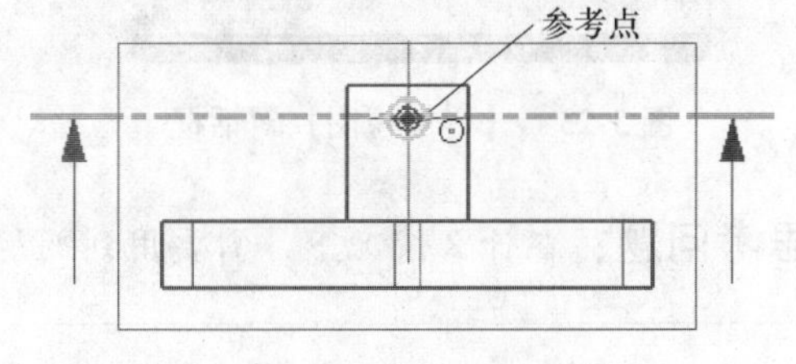

图5-20　选择参考点

思考问题：第一视角与第三视角的区别是________________________________。

确定参考点后，系统出现如图 5-21 所示的对话框（图 5-21），单击铰链线中的按钮，可切换视角，如图 5-22 所示。

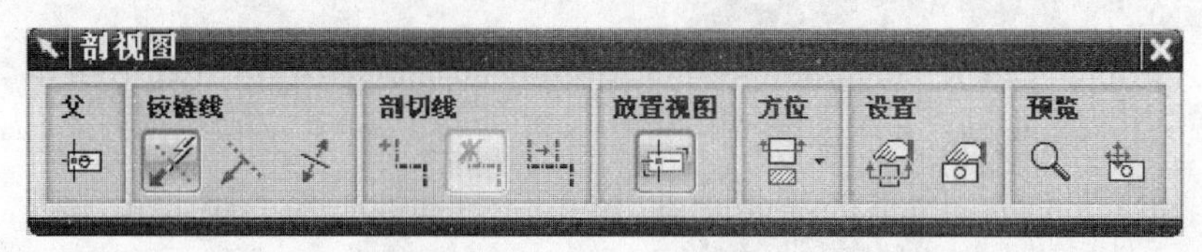

图 5-21　【剖视图】工具栏

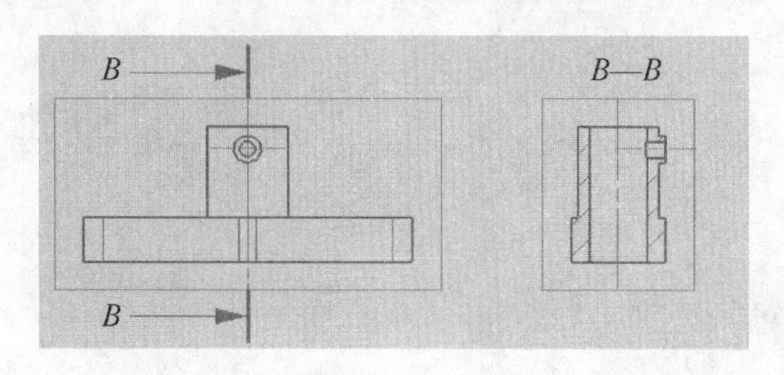

图 5-22　第一视角

选择下拉菜单中的 插入(S) → 视图(W) → 半剖视图(H)... 命令（或单击按钮），弹出【半剖视图】对话框（图 5-23），选择剖切视图和参考点，完成半剖，如图 5-24 所示。

图 5-23　【半剖视图】对话框

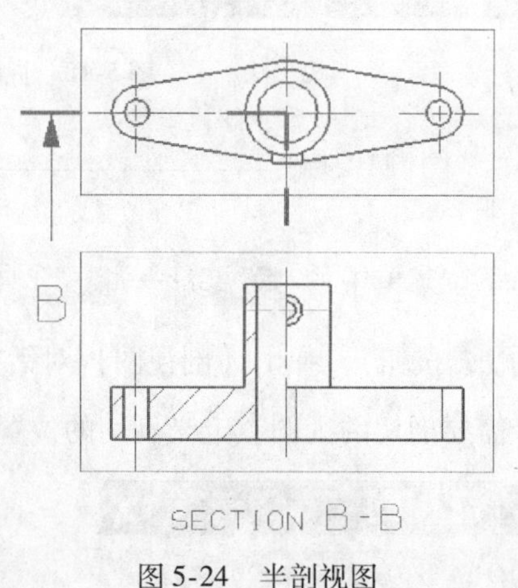

图 5-24　半剖视图

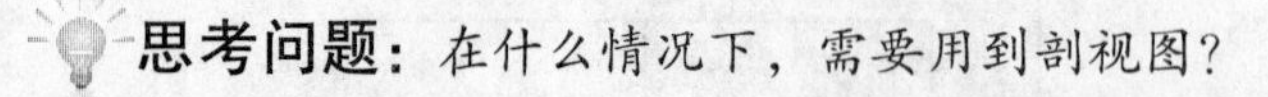

思考问题： 在什么情况下，需要用到剖视图？

____

____。

（2）视图的编辑

整个视图的编辑：图 5-25 所示为哈夫模的剖视图，为了使视图更加清晰，通常会对整个视图进行编辑，步骤如下：

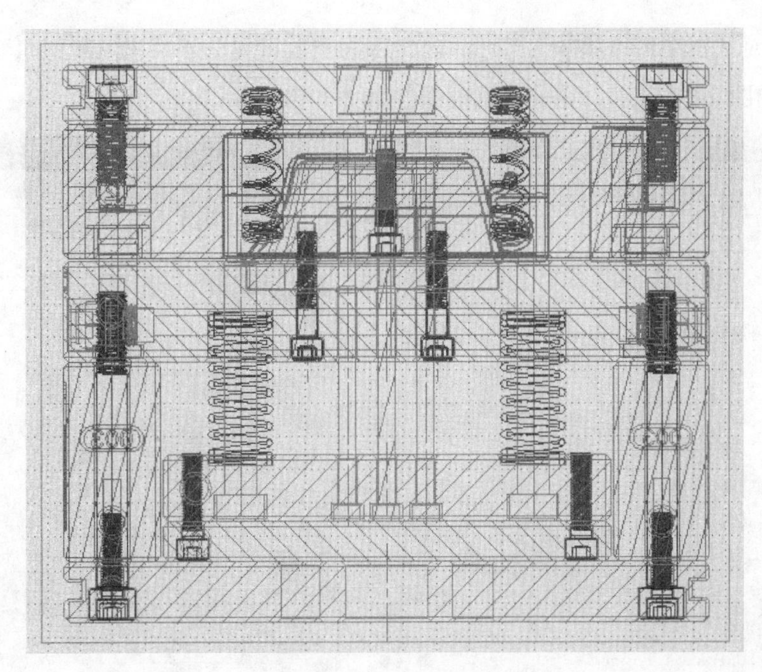

图 5-25　哈夫模剖视图

从图 5-25 可以看出，完整的模具工程图在 2D 环境中往往显得较为凌乱，为了使转出的工程图清晰易懂，需要在图形导出之前设置图形样式、虚实线、剖面线、可见度及标注等。

1）在视图的边框上右键单击，从弹出的快捷菜单中选择 样式(Y)... 命令（图 5-26），系统弹出【视图样式】对话框。

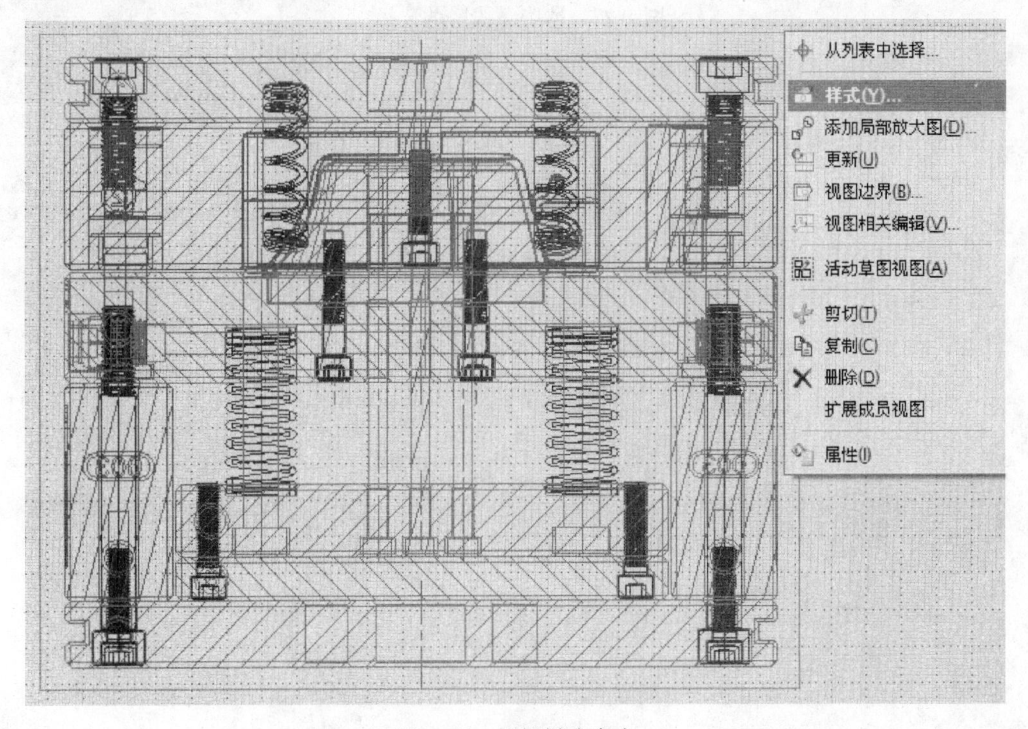

图 5-26　选择样式命令

2）选择对话框中的 隐藏线 对话框，将隐藏线设置为不可见，单击【确定】按钮，完成操作，如图 5-27 所示。完成后的效果图如图 5-28 所示。

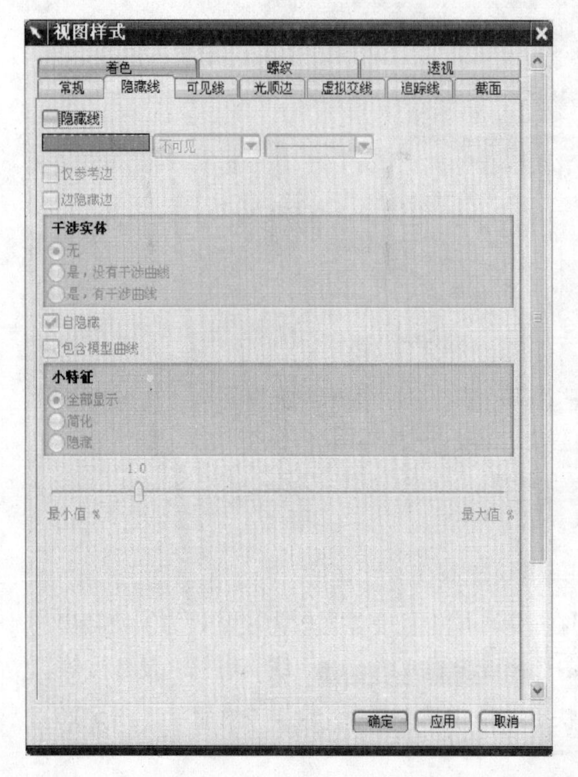

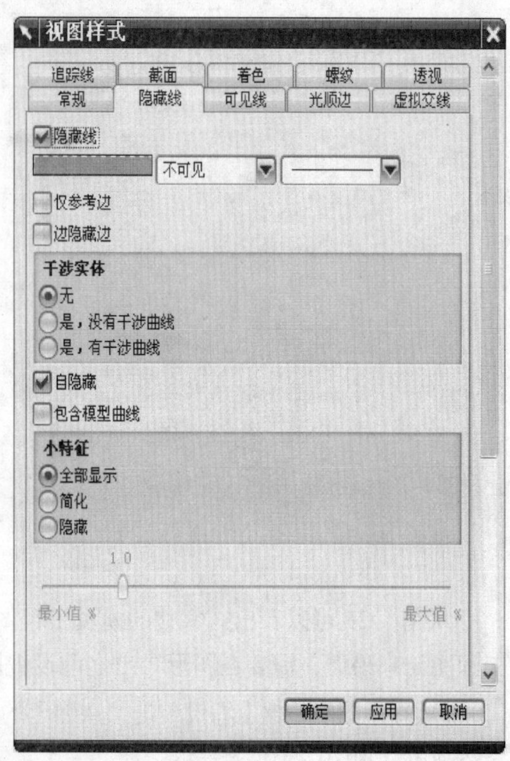

图 5-27 “隐藏线”的选择

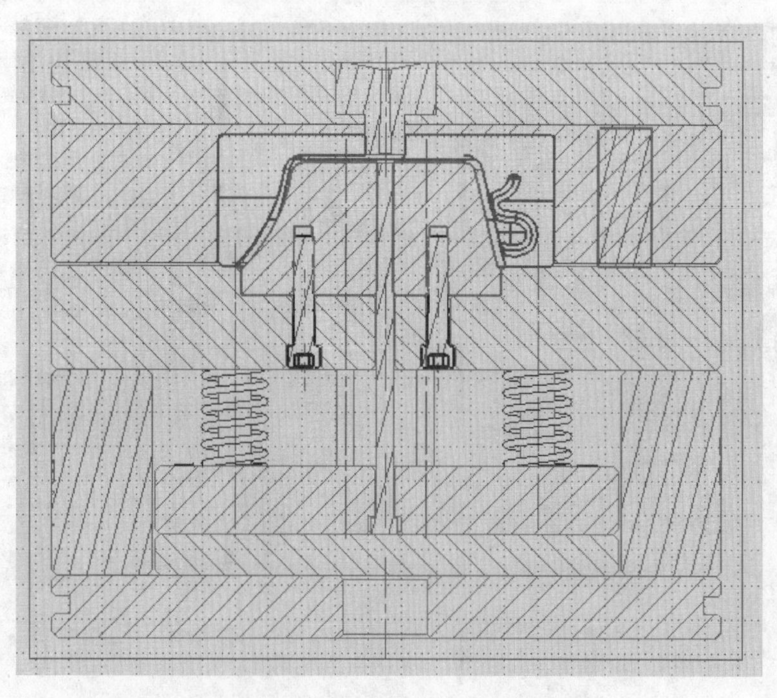

图 5-28 修改后的哈夫模剖视图

思考问题：在【视图样式】对话框中，除了隐藏多余的线，还有什么功能？

____

____。

3）尺寸标注。尺寸标注是工程图中一个重要的环节。选择下拉菜单中的 插入(S) → 尺寸(M) 命令，或者通过【尺寸】工具条进行尺寸标注（工作条中没有的按钮可以定制），如图 5-29 所示。

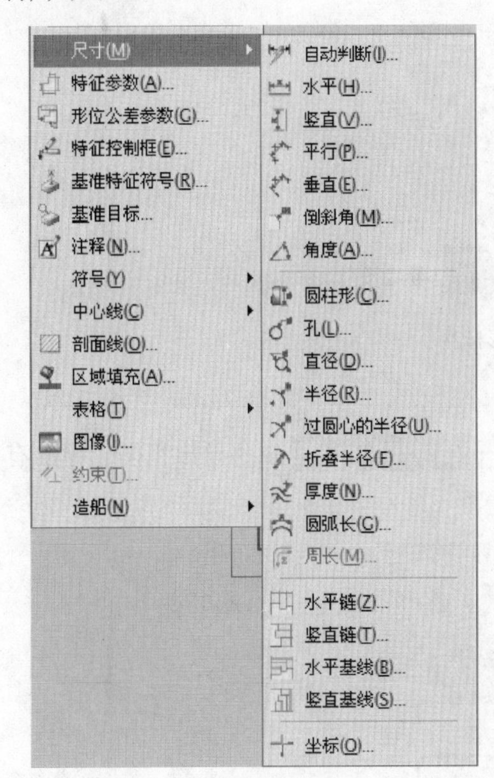

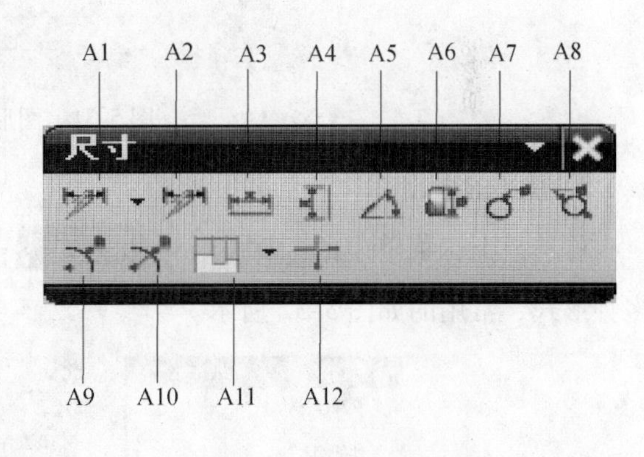

图 5-29　尺寸标注

思考问题：通过查阅资料说明图 5-29 中 A1 ~ A12 各个图标的含义。

图 5-30 所示为【自动判断的尺寸】工具条的按钮及选项，其说明如下：

图 5-30　【自动判断的尺寸】工具条

1.00：用于设置尺寸精度。

1：用于设置尺寸精度。

A：单击该按钮，弹出【文本编辑器】对话框，用于添加注释文本。

尺寸标注完成后，如图 5-31 所示。

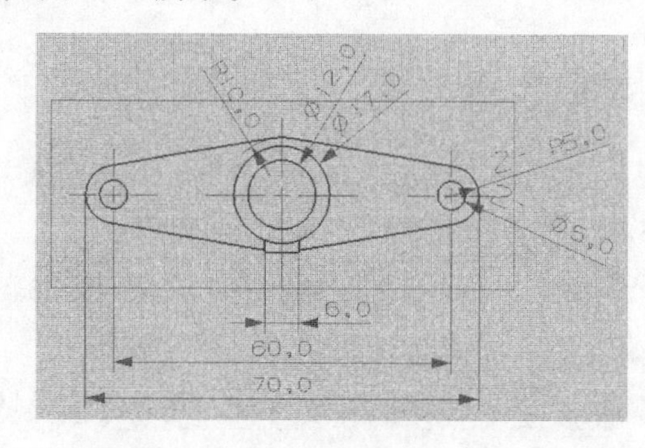

图 5-31　图形标注

2. 视图的导出

可选择下拉菜单中的 文件(F) → 导出(E) → 2D Exchange... 命令导出视图。导出有多种形式，常用的如图 5-32 所示。

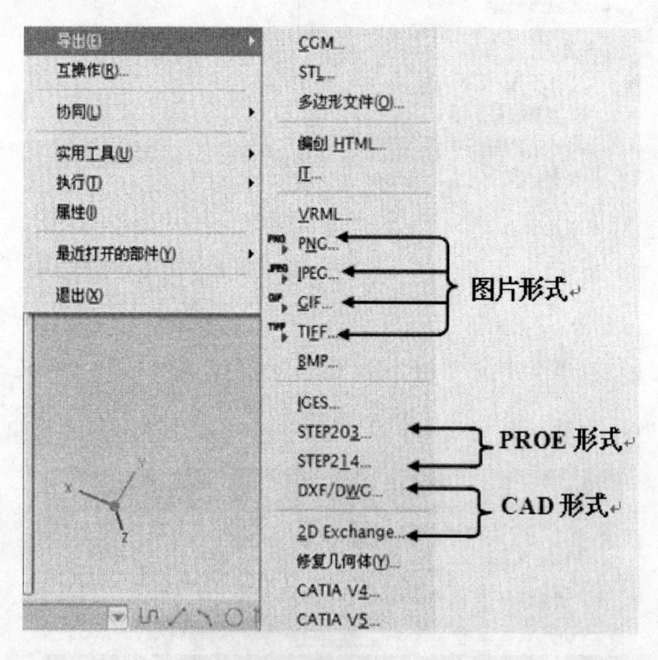

图 5-32　常用的导出形式

在【2D Exchange 选项】对话框（图 5-33）中，输入保存名称及位置，单击【确定】按钮，导出后在目标文件夹中得到的文件如图 5-34 所示。

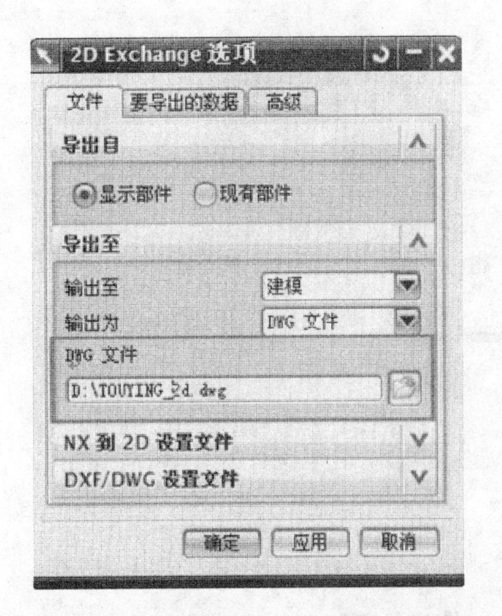

图 5-33　【2D Exchange 选项】对话框

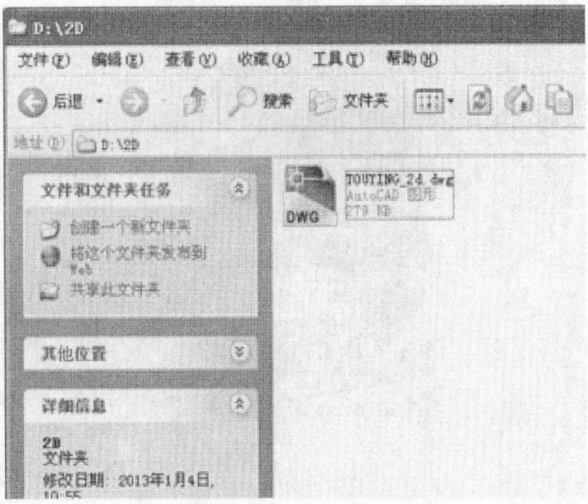

图 5-34　文件类型

思考问题：若将 UG 装配图转成 DWG 格式的 CAD 2D 图，结果会怎样？

____

____

五、创建爆炸图

1）选择下拉菜单中的 装配(A) → 爆炸图(X) → 新建爆炸(N)... 命令（或单击 按钮），弹出【创建爆炸图】对话框，输入名称（不能为中文），单击【确定】按钮，如图 5-35 所示。

2）选择下拉菜单中的 装配(A) → 爆炸图(X) → 编辑爆炸图(E) 命令（或单击 按钮），弹出如图 5-36 所示对话框。

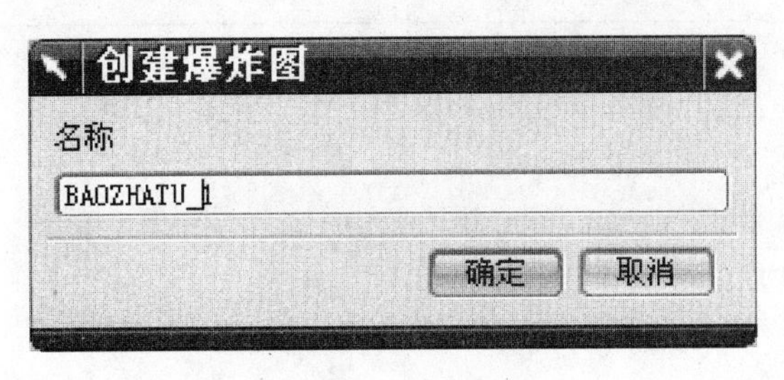

图 5-35　创建爆炸图

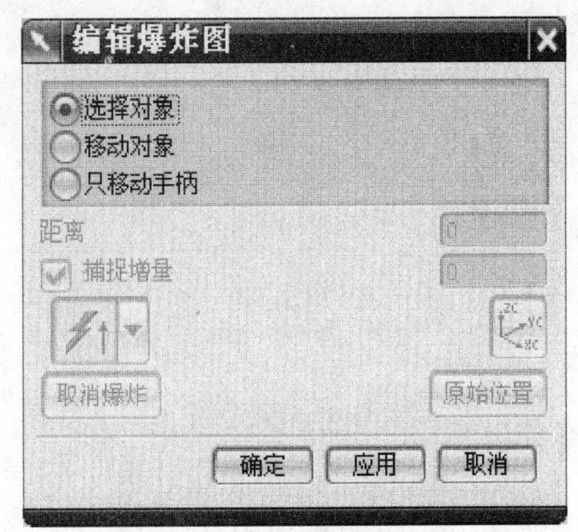

图 5-36　【编辑爆炸图】对话框

3）选择爆炸对象，如图 5-37 所示。

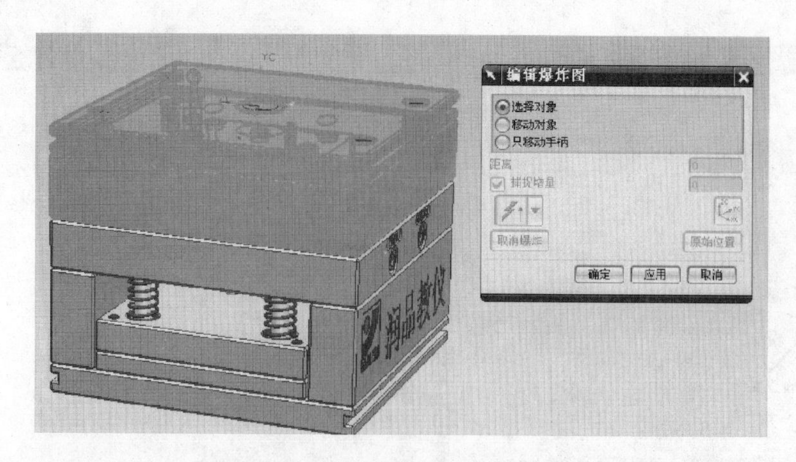

图 5-37　选择爆炸对象

4）单击移动对象，双击坐标系，在对话框中输入爆炸距离（也可以直接拉到坐标系），如图 5-38 所示。

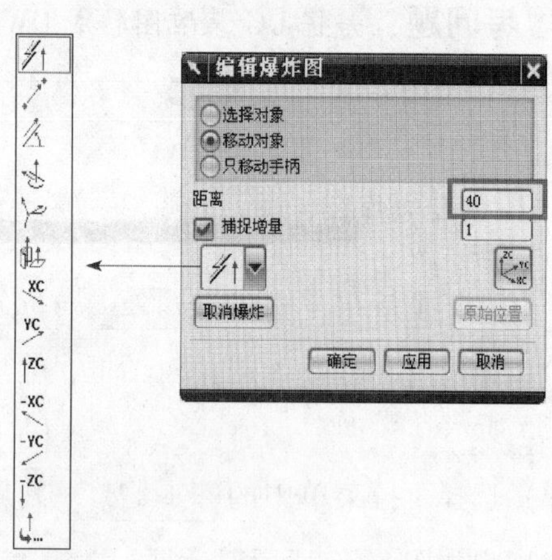

图 5-38　矢量的选择

常用矢量的含义：

：________________________________

：________________________________

：________________________________

ZC：________________________________

5）单击【确定】按钮，出现如图 5-39 所示的爆炸图。

试操作如图 5-40 所示弹簧的爆炸方式。

6）爆炸图创建完毕后，可以通过爆炸图的下拉菜单选择已创建的爆炸图，如图 5-41 所示。

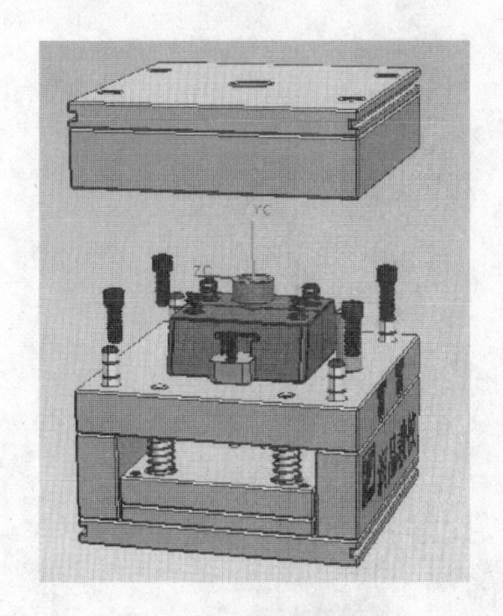

图 5-39　模具爆炸图

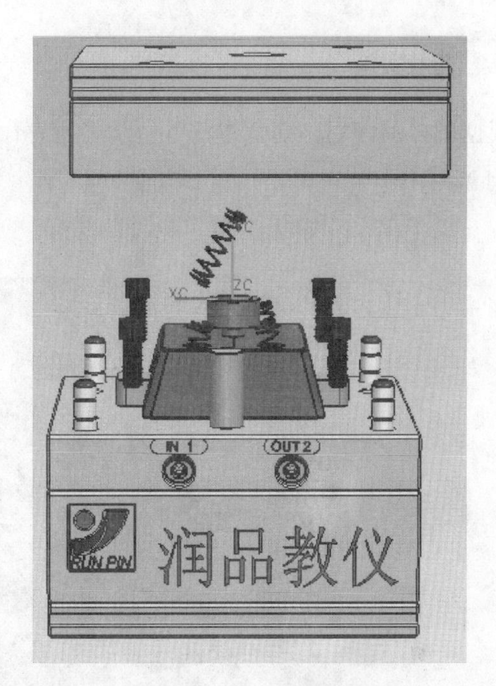

图 5-40　设备的爆炸图

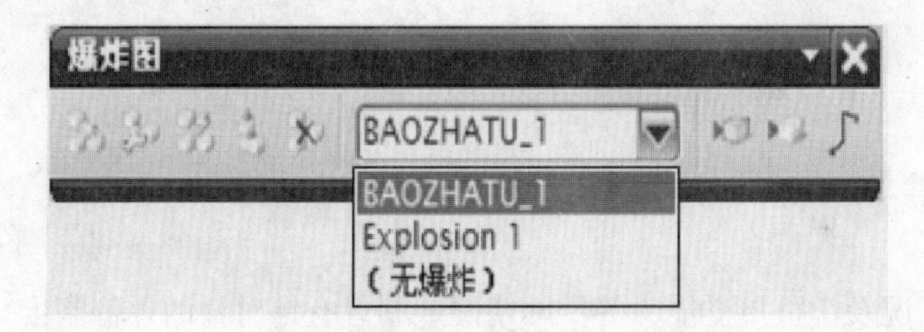

图 5-41　选择已创建的爆炸图

【计划与实施】

一、制订计划

根据图 5-2 所示装配图，结合本任务所学命令，制订如下计划，见表 5-1。

表 5-1　计划表

序　号	内　容	命令名称
1	创建装配文档	
2	模具装配	
3	导出模具工程图	
4	创建模具爆炸图	

二、任务实施

根据图样及计划，结合本任务所学的所有命令，逐步进行操作，最终完成本任务的要求（图5-42）。

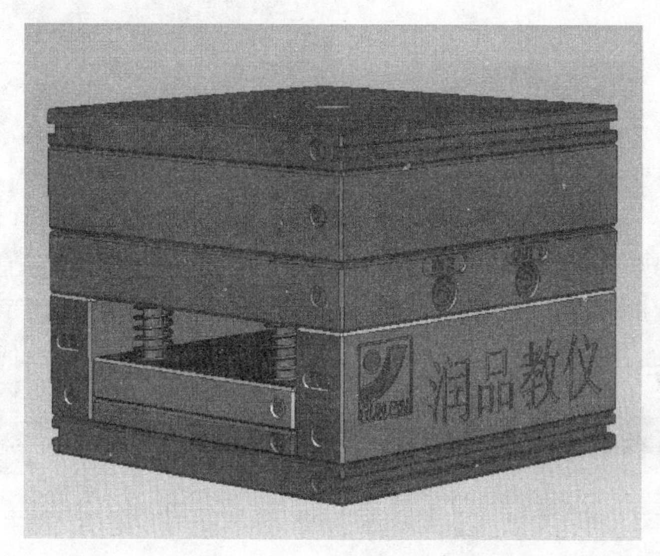

图5-42　模具3D实体图

【评价与反馈】

根据建模情况及学员接受能力等实际情况，制订有针对性的评价制度。

1. 自我评价（占总成绩的20%）

1）能否分清自顶向下装配与自底向上装配的区别？

评价情况：____

2）是否了解爆炸图的含义及它在实际生产中的意义？

评价情况：____

3）能否了解工程图的含义？

评价情况：____

4）能否在规定时间内完成UG图的装配、导出及爆炸图的生成？

评价情况：____

签名：__________　　____年____月____日

2. 小组互评（占总成绩的30%）

进行互评并填写小组互评表，见表5-2。

表5-2　小组互评表

被评小组名称：		
被评小组成员：		
序号	评价项目	评价（1~25）
1	对命令的掌握是否牢固	
2	制订的计划是否能顺利完成建模	
3	完成图形绘制时，是否出现图形或尺寸的错误	
4	是否能在规定时间内完成工作任务	
合计		

参与评价的同学签名：__________　　_____年_____月_____日

3. 教师评价（占总成绩的50%）

在教师引导下根据表现由小组进行评价，再由指导教师给出考核结果，并填写表5-3。

表5-3　考核结果表（教师填写）

单位名称	广州市机电技师学院	班级学号		姓名		成绩	
		图样编号		图样名称			

序号	评价项目	考核内容	所占比率（%）	得分
1	识读哈夫模的装配图	能读懂图样	15	
2	习题的正确率	习题的完成情况	25	
3	命令的掌握程度	学生对任务学习的命令的掌握程度	25	
4	爆炸图的创建是否正确	参照创建爆炸图	20	
5	团队协作	是否能团队合作、相互帮助	15	
合计			100	

教师签名：__________　　_____年_____月_____日

参考文献

[1] 王尚林 . UG NX 6.0 三维建模实例教程 [M] . 北京：中国电力出版社，2010.
[2] 王庆顺 . UG NX7.0 三维建模基础教程 [M] . 北京：冶金工业出版社，2010.
[3] 展迪优 . UG NX7.0 快速入门教程 [M] . 北京：机械工业出版社，2012.